LES PLUS GRANDS PHÉNOMÈNES INEXPLIQUÉS

Une marque des Editions Music & Entertainment Books
16, rue Albert-Einstein – Marne-la-Vallée
77420 Champs-sur-Marne, France
www.musicbooks.fr

Première édition pour la traduction française

Titre original : *Greatest Mysteries of the Unexplained*

Première publication en langue anglaise et traduit en accord avec
Arcturus Publishing Limited

Traduit de l'anglais par Alexandra Forterre
ISBN 978-2-35726-082-5

Couverture : ©Rexfeatures
Composition et mise en page : Mathieu Tougne
Directeur d'édition : Eddy Agnassia
Collection coordonnée par Flore Law de Lauriston

LES PLUS GRANDS PHÉNOMÈNES INEXPLIQUÉS

LUCY DONCASTER ET ANDREW HOLLAND

Original BoOks

SOMMAIRE

Lord Lucan le jour de son mariage en 1963.

DISPARITIONS

Chaque jour, des gens disparaissent, de leur propre chef ou dans des circonstances indépendantes de leur volonté. Quand cela touche des célébrités telles que Lord Lucan ou Agatha Christie, le public s'enflamme. On signale leur présence aux quatre coins du monde. On spécule sur leurs motivations, mais les faits demeurent inexpliqués. Lorsque les disparitions se multiplient dans un secteur précis, comme dans le triangle des Bermudes, on évoque avec fièvre la possibilité d'une intervention extraterrestre. Le mystère plane sur toutes ces affaires, laissant de nombreuses questions en suspens.

LORD LUCAN

Depuis des décennies, la disparition de Lord Lucan fait parler d'elle et défie la justice. Voilà trente ans que l'homme s'est enfui et le voile qui entoure ses crimes est toujours aussi épais.

Jusqu'à sa fuite, Lord Lucan a vécu l'existence typique du parfait aristocrate anglais : pensionnat, court passage dans l'armée, suivi d'une brève période dans la banque d'affaires. Il s'est ensuite entièrement consacré à sa passion : le jeu. Il aimait prendre des risques, et ses succès étaient tels qu'on le surnommait « Lucky ». Il a même embrassé la carrière de joueur professionnel, à la consternation de son épouse. Toutefois, avec le temps, la chance a tourné et les dettes de jeu se sont accumulées jusqu'à menacer la situation financière de la famille. Cela, entre autres facteurs, aboutit à la séparation du couple qui se livra une bataille sans merci pour la garde des enfants.

Le 7 novembre 1974, la situation tourne au drame. Deux crimes ont lieu dans la résidence londonienne de la famille Lucan : l'assassinat de Sandra Rivett, la nounou des enfants, et une tentative de meurtre sur la personne de Lady Lucan. Il existe autant de versions des événements que de théories tentant de les expliquer, mais toutes s'accordent cependant sur un point : l'identité du principal suspect, Lord Lucan lui-même.

Selon la version donnée par Lucan à ses amis, un homme se serait introduit dans la maison et aurait brutalement agressé sa femme, la laissant hystérique et sanguinolente. Lui-même serait arrivé sur ces entrefaites et se serait battu avec l'agresseur, glissant sur le sang répandu au sol. Réalisant que ce sang l'impliquait malgré lui dans l'agression et qu'il aurait du mal à prouver son innocence, il aurait décidé de fuir.

Le témoignage de Lady Lucan, corroboré par une enquête de police, contredit cette version. L'épouse prétend que Lucan avait l'intention de l'assassiner cette nuit-là, mais les choses auraient mal tourné et la nounou aurait été tuée par erreur. Lady Lucan déclare que c'est elle qui s'est battue avec son ex-mari et a eu la chance de s'en sortir vivante. Ses blessures semblent lui donner raison, mais son mari était-il réellement l'agresseur ?

Une troisième version a été avancée : celle du tueur à gages engagé par Lucan pour liquider son épouse. L'assassin supposé aurait supprimé Sandra Rivett à la place, trompé par la ressemblance des deux femmes. Lucan aurait alors voulu se débarrasser du corps de la victime mais, dérangé par Lady Lucan, serait revenu au plan initial en agressant cette dernière.

Beaucoup pensent que la fuite de Lucan, qui a abandonné son épouse en détresse, prouve sa culpabilité. Depuis sa disparition, les rapports officieux disant l'avoir aperçu affluent de toute la planète, ce qui n'a fait qu'épaissir le mystère entourant l'affaire. Aujourd'hui, à moins que ce fugitif insaisissable ne réapparaisse, la vérité sur le crime et sur son incroyable cavale risque bien de rester à jamais une énigme.

AGATHA CHRISTIE

Il va de soi qu'Agatha Christie, la reine incontestée du roman policier, a joué un rôle dans une intrigue digne d'elle : sa soudaine et mystérieuse disparition. Bien que temporaire, celle-ci n'a jamais été réellement expliquée. Quelles en sont les raisons ?

Christie disparaît dans la soirée du vendredi 3 décembre 1926. Interrogé par la police qui vérifie les alibis, son mari est obligé d'admettre qu'il a passé le week-end avec sa maîtresse. Cet aveu ouvre deux pistes aux enquêteurs : le mari avait un mobile pour tuer et l'épouse pour se suicider.

Des recherches sont immédiatement lancées à grande échelle et le lendemain on retrouve la voiture de Christie abandonnée, avec ses vêtements et ses affaires éparpillés. Le fait que le véhicule se trouve à proximité d'une carrière et d'un lac renforce les soupçons de suicide. Coïncidence, le lac apparaît dans l'un de ses romans, quelqu'un s'y noie. À la lumière de ces éléments, la police drague la pièce d'eau. En vain.

HOUNDS SEARCH FOR NOVELIST

Beagles were used yesterday in the renewed hunt around Newlands Corner for Mrs. Agatha Christie, the vanished novelist, the latest portrait of whom appears above. On the right is Rosalind, her seven-year-old daughter, photographed in the grounds of her home at Sunningdale.

Coupure de presse datant de la disparition d'Agatha Christie.

Les recherches sont alors élargies à la campagne environnante grâce à des milliers de volontaires qui viennent en renfort. Là encore, sans succès. La presse relaie l'événement et ce n'est qu'après plusieurs jours de battage médiatique que Christie est localisée, vivante et en bonne santé, dans un centre de repos du Yorkshire où elle séjourne sous un nom d'emprunt.

Officiellement, Christie souffrait d'amnésie, suite au décès de sa mère. Cette explication paraît plutôt fabriquée de toutes pièces et les questions du public demeurent en fait sans réponses.

Christie n'a jamais révélé ce qu'elle avait fait pendant ce laps de temps ni pourquoi elle avait disparu, et puisqu'elle est morte en 1976, il est peu probable que l'on sache un jour la vérité. Elle n'évoque pas cet épisode dans ses mémoires et à chaque fois qu'on l'a interrogée dessus, elle a maintenu la version de l'amnésie.

Avec les années, les spéculations sont allées bon train sur ses motivations. Était-ce une vengeance contre son mari infidèle, les symptômes d'une dépression, ou un coup publicitaire magistralement orchestré ? Quelle que soit la raison, l'épisode la consacre définitivement comme la véritable reine du mystère.

DR LÉON THEREMINE

Selon toute probabilité, la disparition de l'inventeur et scientifique Léon Theremine relève de l'espionnage international. Qu'il se soit volatilisé afin de travailler pour le Kremlin, et donc pour le camp soviétique, est en effet plausible. Mais l'a-t-il fait de son plein gré ou a-t-il subi des pressions ?

Le docteur Theremine est entré aux États-Unis en 1927, sous son patronyme d'origine : Lev Sergueïevitch Termen, un nom russe. Spécialisé en génie électronique, il ne mit pas longtemps à trouver des applications commerciales à son domaine d'expertise. Il travailla quelque temps sur un instrument de musique révolutionnaire, connu sous le nom de « thérémine », pour lequel il obtint un brevet. Cet étrange instrument émettait des sons

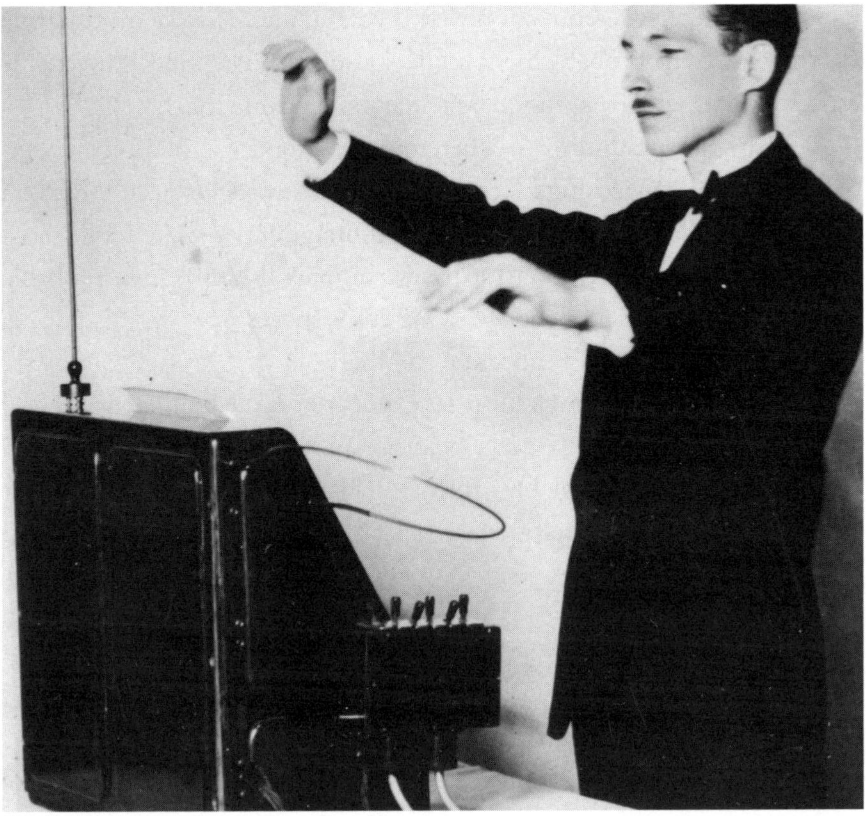

Léon Theremine jouant de son instrument révolutionnaire.

d'une manière inédite : au lieu d'entrer en contact physique avec la machine, il suffisait de bouger les mains autour de deux antennes radio pour obtenir de la musique. Le résultat était crispant, si bien que de nombreux réalisateurs ont utilisé cette machine à l'époque pour créer un effet de suspense dans leur bande son, Alfred Hitchcock en tête. Ce succès valut à Theremine une certaine notoriété aux États-Unis, mais elle allait se révéler à double tranchant.

Alors que Theremine goûtait aux fruits de son travail, certains individus aux sombres desseins réalisèrent que ce scientifique de talent pouvait les aider dans leurs projets. Ses expériences dans le domaine des ondes radio et des fréquences, qui ont ouvert la voie au premier système d'alarme électronique, ont probablement scellé son destin. En 1938, l'inventeur est déclaré disparu et, après quelque temps, présumé mort.

On a fini par apprendre que Theremine avait quitté sa maison en compagnie d'agents soviétiques. Ces derniers l'ont escorté jusqu'en URSS où il aurait travaillé sur des dispositifs d'espionnage et des systèmes de sécurité. Qu'il ait été kidnappé n'est pas avéré mais il semble peu probable qu'il ait volontairement échangé sa vie et ses succès new-yorkais pour le camp de travail où on l'a cantonné en Sibérie.

De nombreuses questions subsistent sur cet homme intelligent. Était-il vraiment désireux de mettre son expertise au service de la guerre froide ? Cela paraît peu vraisemblable : même s'il était ingénieur, il s'investissait dans le domaine plus pacifique de la recherche instrumentale dès qu'il en avait la possibilité.

Sa disparition inexpliquée fait partie des nombreux incidents étranges attribués aux autorités soviétiques pendant la guerre froide. L'incroyable paranoïa et l'opacité de la période ont laissé en suspens nombre de mystères que l'on commence seulement à percer, des années après la chute du Mur.

LE BATAILLON DISPARU

La disparition d'une personne soulève une foule de questions : est-elle le fruit d'un désordre mental ? Un suicide ? Un kidnapping ? Voilà les hypothèses les plus courantes, néanmoins elles perdent toute pertinence lorsque la disparition concerne un groupe entier d'individus, volatilisés sans laisser de traces.

Lorsque ce groupe disparaît sur terre, et non sur mer ou dans les airs, l'événement laisse encore plus perplexe. La mer gardera toujours une certaine aura mystique et les traces de vie y sont facilement escamotables. Cela est beaucoup moins évident sur terre et rend d'autant plus incroyable

Le domaine de Sandringham, qui a donné son surnom au bataillon.

la disparition, en 1915, de seize officiers et de cent cinquante hommes pendant la bataille des Dardanelles, sur la péninsule turque de Gallipoli, en mer de Marmara.

En dépit de sa tenue scrupuleuse des faits et des dates, l'armée a toujours été incapable d'apporter un éclairage sur l'affaire. Le respect profondément ancré de ces hommes pour la loi rend improbable une désertion en masse. Par ailleurs, peu d'entre eux parlaient turc et tout déserteur attrapé aurait été fusillé pour l'exemple. À cela s'ajoute le fait qu'ils étaient tous originaires du domaine royal de Sandringham. C'était sans aucun doute un grand honneur pour eux, qu'ils n'auraient pas renié à la légère.

Ces hommes appartenaient à la compagnie E du 5e Bataillon territorial du régiment royal du Norfolk, formé en 1908 à l'instigation du roi Edouard VII lui-même. On les surnommait « les Sandringhams » car ils se connaissaient tous, de par leur travail sur le domaine royal ou parce qu'ils avaient grandi dans la même région.

Avant la guerre, la compagnie ne disposait que d'une centaine de réservistes territoriaux, mais après le déclenchement des hostilités, ils furent nombreux de Sandringham à s'engager comme volontaires. À l'époque, le grade dépendait plus du rang social que du mérite militaire : les notables étaient donc officiers, les majordomes, les contremaîtres et les gardes-chasse, sous-officiers, tandis que les manœuvres et les domestiques composaient le gros de la troupe.

En dépit de leur manque d'expérience, ces hommes avaient hâte d'en découdre. Après leurs classes, ils furent envoyés en mer Égée pour participer à la bataille des Dardanelles. À leur tête dans ce premier engagement, le colonel Horace Proctor-Beauchamp, qui souhaitait que sa compagnie se distinguât au champ d'honneur.

On les a vus pour la dernière fois le 12 août 1915, tout juste deux jours après leur arrivée. Ils avaient reçu l'ordre de prendre une position turque, deux kilomètres en avant du front. La position était bien défendue et la compagnie devait avancer en plein jour, sans beaucoup de couverture. Le colonel Beauchamp menait l'assaut, harcelant ses hommes pour qu'ils accélèrent. Ils ont dû se porter plus loin que la ligne principale de front et se retrouver coupés du reste des assaillants. Lorsqu'on les a aperçus pour la dernière fois, ils entraient dans un bois noyé de fumée, à proximité de la position turque en déroute.

Leur disparition ne fut signalée qu'une fois la bataille terminée. L'absence totale de survivants reste un fait inhabituel, malgré le nombre horriblement élevé des pertes durant la Première Guerre mondiale. Des recherches ont été entreprises pour vérifier qu'aucun d'entre eux n'était retenu dans un camp de prisonniers turc ; ils ne l'étaient pas. Comment autant d'hommes ont-ils pu littéralement s'évaporer dans un nuage de fumée ?

Faut-il chercher la cause du côté des phénomènes paranormaux ? En 1965, au cinquantième anniversaire commémorant cette fatidique bataille de Gallipoli, Frederick Reichardt affirma qu'il avait assisté à un étrange événement pouvant expliquer ce qui s'était passé. Trois autres vétérans

Troupes alliées rassemblées sur les plages des Dardanelles.

appuyèrent son témoignage ; ils affirmaient que quelque chose hors du commun s'était produit sur le champ de bataille.

Reichardt raconta qu'avec ses compagnons d'armes, il avait assisté à la charge héroïque des Sandringhams dans le bois. Ils fonçaient tête baissée dans une singulière nuée formée de huit nuages en forme de pain, au ras du sol. Ils y sont entrés et n'en sont jamais ressortis. Après une heure, les nuages se sont élevés dans le ciel, il n'y avait plus aucune trace du bataillon du Norfolk.

On peut spéculer sur la réalité de cette explication. Certains argueront d'une possible intervention divine. C'était le premier engagement du bataillon et pourtant aucun d'entre eux n'est resté dans ce carnage. Ils auraient donc été élevés au ciel avant de pouvoir être souillés par les horreurs de la guerre.

D'autres voient dans ces nuages la preuve d'un enlèvement extraterrestre. Ce scénario concorde avec certains récits faits lors de la disparition de navires et d'avions, qui souvent s'évanouissent dans des nuages de brume. Mais cela correspond la plupart du temps à de mauvaises conditions météorologiques.

Une troisième possibilité serait que ces nuages flottant sur le champ de bataille auraient été dus non pas à la météo mais aux fumées émanant du tir de barrage de l'artillerie. Dans ces conditions, les soldats ne se seraient pas volatilisés mais auraient tout simplement été tués. Cette version laisse cependant sceptique car les engagements armés sans aucun survivant sont rares.

Une quatrième et dernière explication, présentée par de nombreux historiens comme la plus probable – sans doute aussi parce qu'ils sont peu enclins à reconnaître les autres, plus insolites –, serait la réputation de grande brutalité du bataillon turc. Ce dernier était connu pour ne pas faire de prisonniers. S'il en avait, c'était généralement pour une brève période avant de les exécuter en masse. Le fait que l'on ait mis au jour, dans l'entre-deux-guerres, de nombreux corps dont les crânes portaient la trace d'exécution par arme à feu confirmerait cette théorie. La disparition si curieuse de tous ces hommes n'aurait-elle été qu'un gigantesque massacre ? De tels événements se sont répétés tout au long de l'histoire. Il est très possible que les Turcs se soient trouvés menacés par le nombre trop élevé de prisonniers et qu'ils les aient exécutés pour leur propre sauvegarde.

Bien que cet épisode soit entouré de mystère, il n'est cependant pas le seul exemple de soldats de la Grande Guerre disparus au combat. L'effusion de sang atteignit un tel degré en Europe que les soldats manquant à l'appel après chaque bataille se comptaient par milliers, leurs corps rendus méconnaissables par ce carnage à grande échelle. Ce qui distingue vraiment les Sandringhams des autres, c'est le fait qu'ils aient disparu ensemble et à jamais. L'énigme a intrigué les historiens pendant des générations et continuera sans doute jusqu'à ce qu'une preuve irréfutable apporte l'explication finale.

D.B. COOPER

La disparition de D.B. Cooper, le 24 novembre 1971, a de quoi piquer la curiosité. Ce criminel a échappé avec succès à la justice après avoir détourné un vol commercial, perçu une belle rançon et sauté de l'avion en parachute, emportant avec lui cette somme considérable dans l'oubli.

Comment Cooper a-t-il fait pour passer entre les mailles du gigantesque filet destiné à l'attraper ? La zone dans laquelle il a atterri, une forêt reculée, était recouverte d'une épaisse couche de neige. Plus de 300 agents du FBI l'ont passée au peigne fin pendant un mois à la recherche d'indices, sans aucun résultat.

Détourner des avions était chose courante à l'époque : plus de 150 vols l'ont été entre 1967 et 1972, généralement pour des raisons politiques. Cooper fut le premier à profiter des faiblesses de la sécurité aérienne pour son enrichissement personnel.

Un boeing 727 transcontinental en 2000.

Il avait soigneusement choisi le type d'avion, s'assurant que ce serait un Boeing 727, c'est-à-dire le seul appareil commercial disposant à l'arrière de marches conduisant à un panneau. Ce panneau, sous la queue de l'avion, allait rendre possible son incroyable fuite en parachute. Par la suite, tous les 727 furent modifiés afin d'empêcher que pareille tentative ne se reproduise.

Le tour de force finement élaboré par Cooper commence avec l'achat d'un aller simple Seattle-Tacoma sur le vol 305 de Northwest Airlines. Bien qu'à moitié plein, l'avion transporte assez de passagers pour les besoins de son plan. Alors que l'appareil se trouve encore sur le tarmac de Seattle, Cooper transmet un mot à une hôtesse de l'air, mot détaillant ses exigences : 200 000 $ en coupures non marquées, quatre parachutes et aussi, à ce qu'on raconte, « pas d'embrouilles ».

Malheureusement, l'hôtesse, prenant ce mot pour une demande lambda, ne le lit qu'une fois l'avion en vol. Lorsqu'elle retourne voir Cooper, ce dernier lui montre son sac et ce qui ressemble à une bombe.

Dès lors, l'avion fait demi-tour et retourne à Seattle où le FBI attend. Plutôt que de donner l'assaut, l'agence s'est pliée aux demandes de Cooper concernant la rançon et les parachutes. Elle a relevé les numéros de série des 10 000 billets de 20 $ mais n'a pas trafiqué les parachutes, ne pouvant prendre le risque qu'ils servent à des otages si Cooper décidait d'en emmener avec lui.

Ayant reçu ce qu'il demandait, celui-ci exige que l'avion s'envole vers le Mexique. Afin de pouvoir sauter en parachute, il insiste sur certaines conditions : que l'avion vole avec son train et ses volets d'atterrissage baissés – cela freine la course de l'appareil –, que sa vitesse n'excède pas 273 km/h et qu'il plafonne à 3 048 m.

Les pilotes protestent : ils n'auront pas assez de carburant pour atteindre le Mexique, une escale à Reno s'impose. Ils en informent Cooper, qui accepte sans se plaindre. L'expérience montre qu'il n'a jamais eu l'intention d'aller au Mexique.

L'avion s'envole donc pour Reno, mais peu de temps après le décollage, l'équipage, confiné loin de Cooper dans la cabine avant, remarque qu'une alarme clignote : le panneau arrière est ouvert. Environ dix minutes plus tard, à 8 h 11, des secousses liées à la dépressurisation suggèrent que le preneur d'otages a sauté. Plus personne ne l'a jamais revu.

Non content d'avoir été un virtuose de l'évasion, Cooper a révélé une endurance hors du commun lorsque l'on connaît les conditions extrêmes de son saut. En simple costume et chaussures, juste muni d'un parachute, il s'est en effet jeté à grande altitude droit dans une tempête de neige. À 3 048 m, la température extérieure est estimée à – 22 °C, – 57 °C avec le facteur vent.

En imaginant qu'il ait survécu à une telle descente (ce qui est possible car elle aurait duré moins d'une minute), il lui a encore fallu atterrir en pleine obscurité, dans une forêt, puis continuer sa route sans mourir de froid ou se faire prendre par la police.

De fait, le FBI a lancé une opération de grande envergure, employant tous les moyens à disposition pour le retrouver. Les informations recueillies auprès de l'équipage lui ont permis de délimiter approximativement une zone de recherche autour du point supposé de son atterrissage. Avions et hélicoptères ont suivi la trace du vol détourné et une immense recherche au sol a été organisée. Aucune trace de Cooper n'a jamais été trouvée, et le FBI est toujours resté sur sa faim.

Une décennie plus tard, le mystère s'est encore épaissi. En février 1980, un garçon nommé Brian Ingram découvre une partie de la rançon alors qu'il creuse un trou au bord d'une rivière, à Vancouver, dans l'État de Washington. Les coupures ne sont pas en bon état mais l'on peut distinguer les numéros de série : certains correspondent aux billets utilisés pour la rançon. Leur nombre ainsi que le lieu de la découverte ne font qu'ajouter à la confusion des enquêteurs car seuls 5 800 $ sur les 200 000 $ versés ont été retrouvés et cela à des centaines de kilomètres de la zone où Cooper est censé avoir atterri.

Même si cela suggère que le preneur d'otages, ou du moins une partie de la rançon, a survécu, les questions demeurent : où est Cooper aujourd'hui ? Où sont les 194 200 $ manquants ? Cet argent enterré dans l'État de Washington n'était-il qu'un leurre ? Cooper a-t-il mystifié tout le monde en sautant à un autre moment que 8 h 11, ruinant ainsi les calculs du FBI ? Avait-il un complice qui l'attendait ? Quelles que soient les réponses, son audacieux exploit compte à ce jour parmi les affaires non résolues les plus infâmes mais aussi les plus intrigantes.

AMELIA EARHART

Amelia Earhart fait figure de pionnière, tant dans le domaine de l'aéronautique que dans celui des droits de la femme. Elle fut en effet la première femme à décrocher, en 1928, la licence de pilote délivrée par la branche américaine de la Fédération Aéronautique Internationale (FAI). Dans les années qui suivirent, elle établit de nouveaux records de vol qui achevèrent de faire sa réputation. Pas étonnant, dans ce contexte, que sa disparition en 1937, alors qu'elle tentait de battre un nouveau record, ait défrayé la chronique et conserve aujourd'hui encore tout son mystère.

L'un de ses premiers exploits date de 1932, lorsqu'elle devient la première femme à traverser l'Atlantique en avion et le premier pilote à le faire en 13 h 30 de vol continu, malgré les diverses avaries qui faillirent compromettre tragiquement la fin de sa traversée. La première alerte fut un orage dont la foudre manqua de la précipiter dans l'Atlantique. Ensuite, tandis qu'elle approchait des côtes européennes, elle s'aperçut que son réservoir fuyait et dut opérer un atterrissage d'urgence dans un champ irlandais. Ces mésaventures ne l'empêchèrent nullement d'atteindre son objectif, qui lui valut d'entrer dans les livres d'histoire.

Après l'Atlantique, Earhart décida d'aller plus loin. En 1935, elle s'attaque au Pacifique et rallie la Californie depuis Hawaï. Nouvel exploit, nouveau triomphe. Sa confiance est gonflée à bloc, elle songe maintenant

Amelia Earhart après sa traversée réussie de l'Atlantique en avion, Londres, 1932.

à faire le tour du globe à son point le plus large, c'est-à-dire l'équateur. Le voyage étant trop compliqué et périlleux en solitaire, même pour elle, elle demande à Fred Noonan de l'accompagner en tant que navigateur.

La dernière image d'eux correspond à leur décollage de Lae, en Nouvelle-Guinée, alors qu'ils entament la partie la plus traître de leur périple. À ce stade, il ne leur reste plus que deux jours et à peu près 11 000 km pour achever leur courageuse entreprise. Ils visaient un minuscule bout de terre dans le Pacifique, connu sous le nom de Howland.

Les conditions météorologiques, clémentes à leur départ de Lae, se dégradent rapidement, perturbant la navigation. Toutefois, Earhart et Noonan ont encore du soutien par le biais d'un contact radio avec le bateau des gardes-côtes, l'*Itasca*. À 7 h 42, le 2 juillet 1937, Earhart envoie le message suivant : « ne peux vous voir, carburant au plus bas, impossible vous joindre par radio, volons à 1 000 pieds [...] reste une demi-heure de carburant et pas de terre en vue ».

L'*Itasca* répond aussitôt en émettant un épais nuage de fumée noire pour leur servir de repère. Il ordonne aussi à tous les bateaux du secteur d'allumer leurs balises ou toute autre source lumineuse afin d'aider l'appareil en détresse. Earhart réussit un ultime contact radio dans lequel elle transmet leur position supposée. Ce fut la dernière fois qu'on l'entendit.

Dans le but de localiser la pilote et son navigateur, les États-Unis mirent sur pied la plus importante opération de sauvetage de l'époque. Malheureusement, et bien qu'ils aient ratissé de vastes zones, les sauveteurs ne parvinrent pas à localiser le couple et abandonnèrent leurs recherches.

Les deux aviateurs furent inscrits comme disparus, présumés morts, et le public dut se contenter de deviner leur fin tragique. Pourtant, on a dit les avoir vus longtemps après la fin des recherches. Dans son livre publié en 1987, *Eyewitness: The Amelia Earhart Incident*, Thomas E . Devine, un ancien G.I., affirme que le couple a été aperçu vivant et en bonne santé sur l'île de Saipan, alors occupée par les Japonais. Après la parution de cet ouvrage, plusieurs G.I. ont corroboré l'histoire, lui apportant un certain crédit.

Cependant, lorsque les Américains reprirent Saipan en 1944, aucune trace de la pilote ou du navigateur n'a été signalée. Seule certitude : Amelia Earhart et Fred Noonan se sont volatilisés quelque part au-dessus de l'océan Pacifique le 2 juillet 1937. Personne ne peut expliquer comment deux aviateurs aussi expérimentés ont pu disparaître dans de pareilles circonstances, ni pourquoi leur radio les a lâchés à un moment aussi crucial. À moins que de nouveaux indices ne soient révélés, ces questions resteront entières et les gens continueront à spéculer sur le destin de ces deux personnalités si courageuses.

GLENN MILLER

Glenn Miller fut non seulement reconnu pour ses talents de musicien et d'artiste, mais aussi pour avoir servi comme officier de l'US Air Force pendant la Seconde Guerre mondiale. Ces deux étiquettes lui ont valu un grand respect de la part de ses contemporains, d'autant qu'il les a combinées avec succès pour soutenir le moral des troupes pendant le conflit. Mission dans laquelle il a joué un grand rôle.

Le choc n'en fut donc que plus grand lorsqu'on apprit sa disparition alors qu'il avait décollé d'Angleterre le 15 décembre 1945. Il se rendait à Paris pour mettre la dernière main avec son orchestre au concert de Noël des troupes alliées. Il n'arriva jamais à destination. La raison en demeure

Glenn Miller et son orchestre en plein concert, 1943.

mystérieuse encore aujourd'hui, bien que les spéculations soient allées bon train depuis cet hiver-là.

Dans les années 1930-1940, il n'était pas rare qu'un avion disparaisse inexplicablement. De telles affaires ne se cantonnaient pas au triangle des Bermudes mais avaient lieu tout autour du globe. Si personne ne peut avancer d'explications certaines, elles étaient souvent dues à des problèmes mécaniques, l'industrie aéronautique n'en étant encore qu'à ses débuts.

Au-delà de cette possibilité, deux autres théories ont vu le jour, chacune d'un côté de la ligne de front, pour tenter d'expliquer la disparition de Miller. Le journal populaire allemand *Bild* a publié que Miller était mort d'une crise cardiaque en compagnie d'une prostituée. Il suggérait que les autorités britanniques et américaines avaient couvert l'affaire pour ne pas entamer le moral des troupes. Aucune preuve n'a jamais étayé cette affirmation et les Alliés l'ont rejetée comme étant de la propagande.

Eux-mêmes ont maintenu que l'avion de Miller, un Norseman UC-64, c'est-à-dire un modèle léger, avait rencontré une zone de turbulences qui l'avait conduit à s'abîmer en mer. Il est exact que le vol de l'artiste avait été retardé de plusieurs jours pour cause de mauvais temps, donc cette théorie a sans doute du vrai.

Néanmoins, un élément révélé ces dernières années apporte une nouvelle approche tendant à démontrer que les Alliés seraient intervenus pour étouffer l'affaire. Cet élément, peut-être clé, se trouve dans le journal de vol d'un navigateur de la Royal Air Force, Fred Shaw. Les révélations contenues dans les pages de ce carnet ont été définies comme suit par le ministère de la Défense : « la solution la plus plausible à ce mystère ».

Pendant la Seconde Guerre mondiale, Shaw menait des raids aériens à bord de bombardiers Avro Lancaster. Son journal de bord montre que, le jour en question, son appareil a été rappelé en cours de mission pour cause de mauvais temps sur le continent. Dans ces cas-là, les bombardiers avaient l'habitude de larguer leurs charges dans la mer afin de sécuriser leur atterrissage. Des zones de délestage avaient été délimitées dans ce but et tous les pilotes les évitaient.

Il est fort possible que l'avion de Miller ait traversé un tel secteur ou que le Lancaster ait largué ses bombes en dehors des zones autorisées. Dans tous les cas, l'équipage rapporte avoir vu un petit avion tomber dans l'eau après avoir été touché par les charges. Le commandement allié a-t-il eu connaissance des faits à l'époque ? C'est un autre mystère. Cependant, il est peu probable qu'il ait pris le risque de voir chuter le moral de l'opinion publique en ce temps de guerre. Soixante ans après, la vérité peut enfin éclater.

LE VOL 19

L'une des disparitions les plus énigmatiques de tous les temps demeure celle d'une escadrille entière, évanouie dans la nature sans laisser de traces ni d'indices. Les circonstances du drame ont bien sûr fait l'objet de débats mais la controverse a surtout porté sur le secteur concerné, le très célèbre triangle des Bermudes dans l'Atlantique, relançant la polémique.

Toutes sortes d'explications ont vu le jour dans l'espoir de donner un sens à ce puzzle. Certains accusent les conditions météo exécrables, d'autres, bizarrement, pense à un enlèvement par des extraterrestres. Steven Spielberg a popularisé cette théorie dans son film *Rencontres du troisième type*, lorsqu'il montre les pilotes du vol 19 retournant sur terre à bord d'une soucoupe volante.

Cette affaire soulève de nombreuses questions. Comment cinq avions, avec à leur bord plusieurs experts, ont-ils pu se volatiliser ainsi ? Plus troublant encore, l'avion envoyé à leur recherche a lui aussi disparu, sans aucune explication connue à ce jour.

Les cinq bombardiers-torpilleurs Avenger du vol 19 ont décollé de Fort Lauderdale pour une mission d'entraînement le 5 décembre 1945. Chaque appareil était censé embarquer trois hommes mais, ce jour-là, l'un d'entre eux n'est pas venu. Quatorze aviateurs sont donc montés à bord des appareils. Sur ce total, treize étaient en phase terminale d'entraînement,

Bombardiers-torpilleurs Avenger de l'US Navy en formation.

mais tous sans exception maîtrisaient leur machine. Le lieutenant Charles Taylor, un pilote très expérimenté suite notamment à ses nombreux vols au-dessus des Florida Keys, conduisait l'exercice.

Ils devaient larguer leurs bombes au-dessus d'un secteur connu sous le nom de « Hen and Chicken Shoals », des hauts-fonds situés à l'est des Florida Keys. L'escadrille devait ensuite continuer plein est sur 190 km puis bifurquer au nord pour encore 113 km avant de revenir à la base selon une orientation sud-ouest. Cet itinéraire leur faisait survoler les Bahamas et les cantonnait presque exclusivement au triangle des Bermudes.

La formation a décollé à 14 h 10 sous un ciel clément, qui allait néanmoins se détériorer dans la soirée. Deux heures plus tard, peu avant 16 h, Fort Lauderdale a reçu un message radio du lieutenant Taylor annonçant que les compas des appareils ne fonctionnaient pas et qu'ils étaient perdus. On sait aujourd'hui que le triangle des Bermudes est l'une des deux zones au monde, avec le triangle du Diable en Asie, à avoir un niveau d'interférences magnétiques inhabituel. Ce niveau est à tel point élevé qu'il peut affecter d'une manière désastreuse les outils de navigation.

Cela expliquerait-il pourquoi tant de bateaux et d'avions se sont perdus dans cette région ?

L'officier supérieur a rapporté, toujours par radio, qu'il pensait survoler les Keys. Il lui fut répondu que s'il en était sûr, mieux valait se diriger au nord vers Miami et le continent.

Mais si Taylor s'était trompé et volait en fait au-dessus des Bahamas, comme on le pense à ce jour, aller plein nord signifiait s'enfoncer plus avant dans l'océan Atlantique, loin de tout sauvetage possible.

Cependant, rien ne le laissait supposer à l'époque et l'escadrille fit donc route vers le nord. Pour compliquer l'affaire, l'approche d'un orage ainsi que les programmes de radio cubains brouillaient les communications avec l'escadrille. On demanda à Taylor d'allumer la fréquence d'urgence pour faciliter les échanges mais il refusa car l'un des avions avait des problèmes avec sa radio et il craignait que ce changement de fréquence ne fît perdre à ce pilote tout contact avec la formation.

Plus le temps passait, plus l'inquiétude montait à Fort Lauderdale. Puisque c'était l'hiver, le soleil se couchait vers 17 h 30 et les conditions météo étaient en train de se dégrader au nord.

À 17 h 15, le contact radio fut momentanément rétabli : Taylor informa la base que le vol faisait à présent route vers l'ouest. On l'entendit recommander à son escadrille de voler groupée. Le plan était que lorsque le premier avion manquerait de carburant, les autres bombardiers feraient tous un amerrissage forcé afin d'augmenter les chances de survie.

Un hydravion Dumb, envoyé en mission de sauvetage, décolla peu après 18 h mais perdit rapidement contact avec la côte. Cela fut attribué au mauvais temps, qui avait gelé une des antennes de transmission. Mais la base perdit aussi un autre de ses avions dans la foulée, un Martin Mariner, parti à la recherche de l'hydravion. Personne ne sait si la météo fut à l'origine de son silence, mais ce qui est sûr, c'est qu'il ne s'est pas présenté au point de rendez-vous. L'équipage d'un bateau qui croisait dans le secteur affirme avoir vu un avion exploser en vol. Ils furent incapables d'aller à son secours, les conditions en mer étant à ce moment-là trop dures.

Aucun survivant de l'escadrille, aucun corps ou débris n'a jamais été retrouvé. C'est ce qui est tellement étonnant à propos de cette disparition. Bien que les mauvaises conditions météo aient certainement joué un grand rôle, personne ne connaît le déroulement exact de cette affaire. Une enquête de la marine américaine attribue le désastre à « des causes ou des raisons inconnues ». Jusqu'à ce jour, le fait qu'une escadrille entière ait tout bonnement disparu si près des côtes reste encore une énigme.

L'USS CYCLOPS

À l'époque, l'USS *Cyclops* était le plus grand charbonnier de la marine américaine. Il pouvait transporter plus de 10 000 tonnes de cargaison et 300 hommes d'équipage. Vu ses performances, sa disparition en mars 1918, alors qu'il naviguait dans le triangle des Bermudes, paraît d'autant plus étrange. Il n'a laissé aucune trace. Aucun signal de détresse n'a été émis et la marine américaine a toujours été incapable d'expliquer ce qui s'était passé.

Le *Cyclops* avait été réquisitionné le 1er mai 1917, suite à l'entrée des États-Unis dans la Première Guerre mondiale. En 1918, le navire dépendait du département du Transport transcontinental de la marine, sa principale mission était d'approvisionner les bateaux britanniques qui patrouillaient dans l'Atlantique Sud, et plus spécifiquement autour des eaux brésiliennes. Le 4 mars, le *Cyclops* mit les voiles vers Norfolk (Virginie) depuis la Barbade. Son dernier voyage allait le conduire droit dans les eaux mystérieuses et dangereuses du triangle des Bermudes.

Lorsque le navire a disparu, on a d'abord pensé qu'il avait été torpillé, mais une recherche dans les archives allemandes a écarté cette théorie car aucun débris n'a jamais été trouvé. Cela indique aussi que le bateau n'a pas heurté de mines, car dans les deux cas, au moins un membre d'équipage aurait certainement pu survivre dans un canot de sauvetage.

L'USS Cyclops *avant qu'il ne disparaisse mystérieusement en 1918.*

De nouvelles tentatives d'explication se sont plus récemment concentrées sur la nature mystérieuse du triangle des Bermudes lui-même. De nombreux facteurs, spécifiques à cette zone, en font un secteur particulièrement traître pour les bateaux et les avions. Tout d'abord, c'est l'un des deux seuls endroits sur la planète, avec le triangle du Diable en Asie, où les compas n'indiquent pas le nord. Cela peut donner lieu à de monumentales erreurs de navigation pouvant mener à la catastrophe des bateaux aussi imposants que le *Cyclops*.

À ce coup de dé magnétique s'ajoute la météo turbulente et capricieuse des Caraïbes, fréquemment ravagées par des pluies et des vents allant de la simple douche à la tempête ou au cyclone. Comme si ce n'était pas assez, les courants sont forts et rapides. Ils déplacent non seulement les bancs de sable mais peuvent aussi emporter les bateaux vers des récifs.

Une autre cause, moins connue mais tout aussi mortelle, a pu causer la disparition du *Cyclops*. Il arrive parfois que d'importantes quantités de gaz naturel s'échappent d'un seul coup des fonds marins sous l'effet d'une énorme pression. Ce phénomène peut modifier la densité de l'eau de mer et faire couler en un instant toute embarcation croisant à proximité. Cependant, en l'absence de toute preuve, rien n'assure que le *Cyclops* ait été victime de ce phénomène.

Par un étrange hasard, les trois frères du *Cyclops*, le *Nereus*, le *Proteus* et le *Jupiter*, ont également connu une fin tragique. Les deux premiers ont servi de charbonniers pendant la Seconde Guerre mondiale et ont été torpillés par des sous-marins allemands dans l'Atlantique. Le Jupiter, rebaptisé Langley et transformé en porte-avions (le premier de la marine américaine), a été coulé par les Japonais au large de Java en 1942.

De manière assez effrayante, les quatre membres de cette famille nautique reposent maintenant quelque part au fond de l'Océan, emportant avec eux plus de 1 000 âmes.

Le manque d'indices fait qu'il est presque impossible de déterminer les circonstances de la disparition du *Cyclops*. Comme on ne connaît pas l'endroit précis où il a sombré, il est très difficile de rechercher une épave. Jusqu'à ce qu'un morceau de sa carcasse soit trouvé par un chercheur de trésor, on ne pourra faire que des suppositions. Le destin tragique du plus grand navire de la marine américaine à avoir jamais disparu d'une façon inexplicable demeure ainsi un mystère.

LE TRÉSOR PERDU DES AZTÈQUES

Du jour où la civilisation aztèque a été découverte, sa richesse est devenue légendaire. Les premiers Espagnols à voguer depuis Cuba vers la côte mexicaine avaient l'image de trésors bien ancrée dans la tête. Lorsqu'ils revinrent à Cuba avec de l'or finement travaillé, il ne leur fallut pas longtemps pour y retourner en plus grand nombre afin d'approfondir leur exploration.

Difficile de dire si pareil trésor existait vraiment ou si la légende est simplement le produit des différentes valeurs véhiculées par les deux cultures qui se rencontraient alors. Les Mésoaméricains appréciaient l'or pour sa beauté mais ne le révéraient pas de la même façon que les envahisseurs européens. Ils portaient facilement des accessoires en or, sans leur donner apparemment plus de valeur qu'à d'autres ornements comme par exemple les plumes.

Lorsque les Espagnols se présentèrent avec leurs perles de verre finement taillé, les Amérindiens furent trop contents d'échanger leur or contre ces nouveaux objets si beaux et si étranges : leur système monétaire différait en effet totalement du système européen. Mais quand les *conquistadores* virent la facilité avec laquelle ils les délestaient de leur or, ils en déduisirent que ce métal devait se trouver en abondance pour être distribué aussi aisément.

Jusqu'à un certain point, les Européens avaient raison : à cette époque, la richesse en minerais de ce pays était énorme ; les envahisseurs le réalisèrent vite quand ils commencèrent à exploiter les ressources des Amériques. La facilité avec laquelle ils avaient acquis l'or des Aztèques dut attiser leur imagination et leur avidité. Il ne fallut pas longtemps à la légende de l'Eldorado, la cité de l'or, pour prendre forme et se répandre.

Lorsque Moctezuma, le roi des Aztèques, réalisa que les envahisseurs souhaitaient acquérir de l'or, il les couvrit de cadeaux somptueux, désireux de les satisfaire. Faire des cadeaux était un rituel de politesse pour les Aztèques ; les Espagnols, en échange, offraient des vêtements et des perles, à la vérité de peu de valeur pour eux. Alors que ces derniers pénétraient davantage à l'intérieur des terres et en direction de sa ville, dans une insatiable quête d'or, le roi aztèque devint de plus en plus désespéré, vidant presque les coffres du trésor dans le but de plaire aux Espagnols.

Ceux-ci interprétèrent sa générosité comme un signe supplémentaire de grande richesse. Ils se dirent que si le roi pouvait se permettre de donner de tels cadeaux, ses chambres fortes devaient regorger d'or. Les envahisseurs envoyèrent la plupart de cet or en cadeau à leur propre roi, comme une sorte d'argument pour avoir plus de soutien, car ils comptaient bien découvrir plus de richesses encore en pillant la ville de Tenochtitlan.

Sur ce point, néanmoins, les *conquistadores* furent cruellement déçus. Lorsqu'ils prirent la cité, sa réserve d'or était beaucoup plus modeste que ce qu'ils avaient espéré. Ils exigèrent alors que les citoyens leur livrent tous les objets en or qu'ils possédaient. Cela fait, les *conquistadores* furent satisfaits mais c'est à partir de ce moment-là que les événements se retournèrent contre eux.

Furieux d'avoir été envahis et dépouillés, les habitants de Tenochtitlan se rebellèrent. Une grande bataille eut lieu pendant laquelle les Espagnols furent repoussés hors de la ville, au-delà des chaussées qui traversaient le lac au centre duquel était la cité. Les Espagnols se battaient à un contre cent. En dépit de leurs efforts pour emmener avec eux le trésor, à dos de mule, ils furent incapables de le protéger et une grande partie de l'or se perdit dans le lac. Beaucoup d'hommes se noyèrent à cause de leur attachement à ce métal si précieux.

Si ces histoires sont vraies, il est fort possible que ce trésor existe encore quelque part au Mexique, où il est resté caché pendant des siècles. De fait, le Temple Majeur, la pyramide centrale des cérémonies de Tenochtitlan, ne fut-il pas découvert seulement dans les années 1980, au centre même de Mexico City ? Les ouvriers étaient en train de creuser un tunnel pour une nouvelle station de métro lorsqu'ils découvrirent ce trésor d'architecture. Il reste certainement de nombreux autres trésors à découvrir, toujours enfouis dans les fondations de l'une des plus grandes métropoles du monde. Les Aztèques ont pu enterrer une partie de leur or pour le cacher aux envahisseurs, soit dans la ville soit dans les montagnes.

Il est aussi possible que les *conquistadores* aient découvert une grande quantité d'or sans en avoir dévoilé la quantité exacte pour ne pas devoir l'envoyer au roi d'Espagne. Ou alors, leur avidité les a trompés et ils ont réalisé qu'il n'y avait simplement pas autant d'or que ce qu'ils croyaient. Cette dernière explication peut avoir quelques fondements étant donné la cupidité des *conquistadores* et les extrémités auxquelles les a conduits leur envie d'or.

Le château de Montezuma, construit par les Anasazi, porte injustement le nom du dernier roi aztèque, Verde Valley, Arizona.

Avec le temps, les Espagnols ont poursuivi leur invasion fructueuse à la recherche de nouvelles richesses. Leur conquête s'étendit toujours plus au sud de l'Amérique où ils étendirent leur orgie de gain et de destruction au royaume inca. Ils étaient probablement stimulés par les fables entendues sur les richesses du Mexique.

L'Histoire maintient que les Espagnols n'ont jamais trouvé le dernier trésor des Aztèques, mais est-ce la vérité ? Quelle que soit la quantité d'or, il est peu probable que les Espagnols aient jamais été rassasiés. Ce qui est sûr, c'est que l'or aztèque a vraiment existé puisque certaines quantités ont été retrouvées aujourd'hui. En reste-t-il une réserve, attendant toujours d'être découverte ? Cela reste un mystère.

LES DINOSAURES

Au cours de la longue histoire de la vie sur terre, de nombreuses espèces se sont éteintes. Parmi celles-ci, la plus connue et certainement la plus énigmatique fut celle des dinosaures. Pendant des millions d'années, ces énormes bêtes ont été les maîtres incontestés de la planète, vivant sur tous les continents sans aucun prédateur pour les mettre en danger.

Toutefois, il y a environ 65 millions d'années, leur règne prit fin inexplicablement. Un grand nombre de théories ont tenté de percer ce mystère, mais les preuves manquent.

Il reste en effet peu de traces de cette période pour étayer ces théories. Les chercheurs glanent de rares mais précieuses informations en analysant les roches et les formations fossiles. Leurs études montrent que de grands bouleversements naturels avaient lieu au moment de la disparition des dinosaures.

Les sciences naturelles ont permis d'établir une démarcation entre l'ère des dinosaures et l'ère des mammifères. Cette frontière sépare l'époque mésozoïque (le temps des dinosaures) de l'époque ultérieure du cénozoïque (le temps des mammifères auquel l'homme appartient). En géologie, la première correspond à la strate K, et la seconde à la strate T : c'est pourquoi la disparition des dinosaures est connue comme « l'extinction K-T ». Cependant, ils ne furent pas les seuls touchés à ce moment-là. Plus de la moitié de la vie sur terre s'éteignit.

Les géologues ont établi que les énormes changements en cours sur la planète à cette époque étaient de nature climatique. Le climat relativement tempéré et stable de l'ère mésozoïque a changé d'une manière dramatique, devenant plus froid et plus instable qu'aujourd'hui. L'ère glaciaire commençait.

La rapidité avec laquelle ces changements se sont produits reste une source d'étonnement. Qu'est-ce qui peut l'expliquer ?

Deux théories sont en concurrence. Certaines personnes pensent que ce bouleversement résulte de l'activité terrestre elle-même. D'autres songent plutôt à un cataclysme de grande échelle comme élément déclencheur, tel l'impact d'une météorite. Chacune de ces hypothèses s'appuie sur un certain nombre de preuves. Les partisans d'un changement climatique graduel croient qu'il a pu être causé par une activité volcanique importante et prolongée. Elle aurait provoqué un effet de serre, lequel aurait eu un impact dramatique sur le climat. De fait, les géologues sont certains qu'il y a bel et bien eu une période d'intense activité volcanique vers la fin du crétacé.

Toutefois, il existe aussi des arguments tout à fait recevables pour étayer la version de la météorite. En fait, les deux phénomènes ont très bien pu

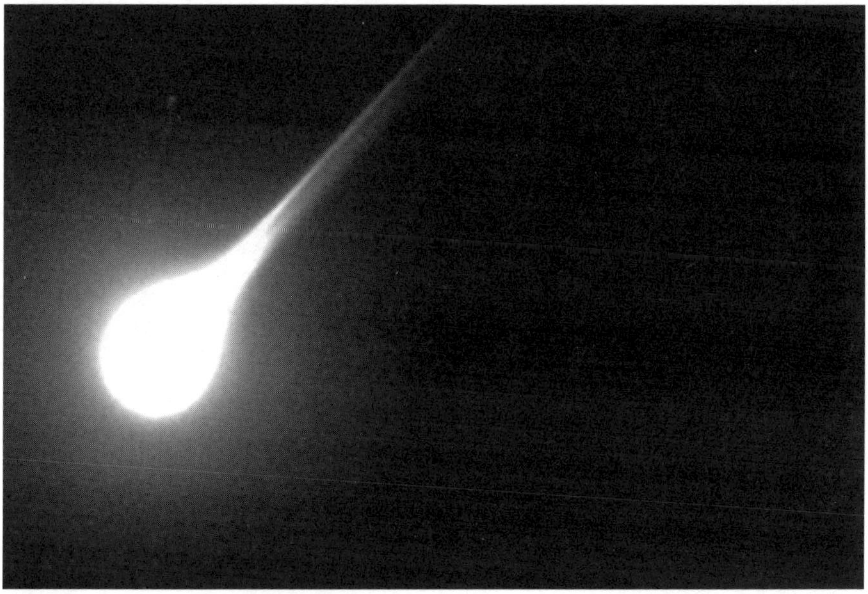

Météorite entrant dans l'atmosphère en 2002.

se combiner. Les chercheurs ont trouvé de la poussière d'iridium, intercalée entre les couches de sédiments remontant à 65 millions d'années. La quantité était assez significative et par conséquent ne pouvait provenir que de deux sources : l'espace, et dans ce cas la poussière aurait été répandue dans l'atmosphère par l'impact de la météorite, ou le magma terrestre aussi riche en iridium que le métal spatial.

Les scientifiques ont non seulement étudié le sous-sol terrestre mais aussi la surface du globe afin de comprendre ce qui s'était passé. Mais la planète est radicalement différente aujourd'hui de ce qu'elle était il y a 65 millions d'années. Cette différence rend extrêmement difficile toute localisation d'éruption volcanique ou de cratère provoqué par une météorite. Cependant, en 1980, les chercheurs pensèrent avoir découvert l'objet de leur quête.

Une grande partie du golfe du Mexique serait en fait un énorme cratère. Connu sous le nom de cratère de Chicxulub, il forme l'extrémité de

Deux espèces de dinosaures bien connues : le tricératops et le tyrannosaure.

la péninsule du Yucatan. Les agglomérats rocheux de ce secteur contiennent énormément de quartz choqué, lequel se forme suite à des secousses très violentes, comme celles résultant d'un impact. Pour créer pareil cratère, on a estimé que le météore devait faire au moins 10 km de diamètre. Un tel choc était assez énorme pour avoir un impact sur la planète entière.

Si le scénario est exact, alors de nombreuses et impressionnantes éruptions volcaniques se seraient ensuivies, projetant d'énormes quantités de suie dans l'atmosphère ainsi que des gaz toxiques, entraînant des réactions en chaîne : des pluies acides, qui empoisonnent l'eau et détruisent la vie végétale, et une quantité de particules dans l'air qui empêchent les rayons du soleil de pénétrer dans l'atmosphère, refroidissant ainsi la planète. Les conséquences ressemblent à celles d'un hiver nucléaire.

Si l'on garde à l'esprit que les dinosaures étaient censés être des animaux à sang froid, l'effet de ce refroidissement global a dû être catastrophique. Beaucoup d'entre eux ont dû tomber dans un état de torpeur, leur métabolisme étant ralenti par le froid extrême. Les ressources alimentaires ont dû aussi dramatiquement diminuer suite aux ruptures dans la chaîne alimentaire. L'absence de végétaux ayant affecté les herbivores, les carnivores ont été touchés par ricochet. Beaucoup d'espèces ont dû mourir de faim.

Au fil du temps, le climat froid a pu évoluer à l'opposé, se réchauffant sous l'effet des gaz à effet de serre jusqu'à ce que la température soit plus élevée qu'à l'origine. La plupart des êtres vivants ne peuvent vivre que dans certaines conditions climatiques et ceux qui avaient pu survivre au refroidissement ont très bien pu mourir lors de ce réchauffement.

Les mammifères ont dû moins souffrir de telles extrémités climatiques puisque leur sang chaud leur offrait une meilleure protection contre ces forts contrastes de température. Certaines personnes voient en eux l'explication de l'extinction des dinosaures.

Leur capacité d'adaptation aux changements environnementaux pourrait être la preuve de leur supériorité dans l'histoire de l'évolution, mais une hypothèse écarte cette théorie. Après tout, peu avant leur extinction, les dinosaures avaient atteint un sommet de développement avec des carnivores géants tels que le tyrannosaure. On pense plus simplement que les mammifères ont pu manger les œufs de dinosaures, réduisant ainsi leur nombre. Il est cependant très difficile de prouver cette théorie.

Elle est cependant intéressante pour une autre raison. Aujourd'hui, de nombreux œufs de reptiles sont sensibles aux changements de température pendant leur phase d'incubation. Toute fluctuation peut affecter le sexe de l'embryon. Une période prolongée de changement climatique peut très bien avoir abouti à un déséquilibre important entre mâles et femelles, d'où un effet désastreux sur leur potentiel de reproduction et leurs chances de survie.

Bien que les dinosaures soient connus pour leur extinction subite, ils ne sont certainement pas les seuls à avoir vécu un tel phénomène. Jusqu'à ce jour, la science a identifié cinq phases d'extinction massive sur la Terre, et celle des dinosaures n'aurait pas été la plus importante. À la fin de l'ère permienne par exemple (290-248 millions d'années), plus de 90 % de la vie terrestre avait disparu. Pourquoi ?

Certains scientifiques pensent que ces extinctions s'inscrivent dans un cycle et qu'à côté de la théorie de la météorite, il peut exister une autre raison liée au cosmos. D'après eux, il y aurait une comète ou un nuage d'astéroïdes flottant dans l'espace qui croiserait la Terre à peu près tous les 25 millions d'années. Cette hypothèse reste à prouver et reçoit généralement moins de soutien que les autres développées précédemment.

Cette science qui nous permet de déterminer les causes de ces extinctions nous est familière aujourd'hui. L'homme est devenu l'acteur le plus puissant de la planète : il peut façonner et contrôler son environnement. Néanmoins, ce sentiment de puissance peut être trompeur et il devrait se préparer à l'inattendu.

Les dinosaures aussi dominaient leur ère, pourtant leur règne a connu une fin brutale. Qu'elle ait été provoquée par un phénomène unique, comme une météorite, ou le résultat d'un long processus volcanique et tectonique, nul ne saurait le dire. Les deux facteurs ont pu se combiner ou un troisième apparaître, qui n'aurait pas laissé de traces, comme une épidémie ou un parasite.

Un cataclysme soudain comme l'impact d'une météorite peut potentiellement annihiler notre planète. En dépit de notre puissance supposée, nous sommes tout aussi vulnérables que les dinosaures. Cette peur a été relayée par un grand nombre de films à grand public décrivant des catastrophes apocalyptiques et l'humanité impuissante ne pouvant résister en dépit de toutes ses connaissances scientifiques. Nous réalisons seulement maintenant, par le réchauffement climatique, que l'humanité elle-même peut engendrer une telle horreur.

Peut-être que l'homme devrait se souvenir et tenir compte du destin des dinosaures. Beaucoup de gens pensent que les rapides progrès technologiques du siècle passé sont peut-être à l'origine des changements drastiques de notre climat, de plus en plus fréquents et violents. Le fait que les dinosaures aient probablement disparu suite à un changement climatique comparable devrait nourrir notre réflexion et nous donner des frissons.

Les bouleversements actuels seraient responsables d'une extinction d'espèces comparable à celles du passé. Cette information alarmante conduit de nombreux scientifiques à croire que l'homme se trouve au seuil d'une nouvelle phase d'extinction de masse.

Cela devrait nous pousser à comprendre pourquoi les dinosaures ont disparu. Percer le mystère de leur extinction pourra peut-être nous donner une meilleure chance d'empêcher la nôtre.

LES MONDES PERDUS

L'existence de civilisations et la connaissance que nous en avons n'ont pas toujours été coordonnées, c'est la raison pour laquelle notre vision de leur histoire et de leurs aptitudes s'en est trouvée déformée. L'histoire de l'humanité regorge de ces cités et de ces États qui ont émergé à travers le monde, vécu leur âge d'or et sont retournés à la poussière. Certains de ces mondes perdus ont laissé des traces écrites de leurs réalisations dans une langue oubliée, telle que les hiéroglyphes égyptiens ou les codex mayas. D'autres ont légué à peine plus que des légendes ou d'étranges monuments.

LES DOGONS

La tribu des Dogons vit au Mali, en Afrique de l'Ouest, dans de petits villages à des kilomètres de toute civilisation et de la célèbre mais lointaine Tombouctou. Malgré son apparent isolement géographique et culturel, cette tribu reculée possède des connaissances astronomiques qui, bien qu'aujourd'hui obsolètes, ont dominé pendant des centaines d'années les connaissances occidentales.

Les premiers scientifiques à entrer en contact avec eux ont été deux anthropologues français, les docteurs Marcel Griale et Germaine Dieterien, en 1931. Étonnés par ce qu'ils avaient trouvé, ils sont restés au Mali pendant plus de 30 ans pour étudier ce peuple. Durant cette période, ils ont eu accès aux traditions religieuses et culturelles des Dogons et ont finalement gagné leur confiance.

Connaître leurs secrets leur a révélé des informations fascinantes. Bien avant Galilée et ses découvertes révolutionnaires, les Dogons connaissaient l'existence des anneaux de Saturne. Ils avaient aussi conscience de l'existence des quatre lunes de Jupiter, savaient que la Terre était une planète et que toutes les planètes étaient en orbite autour du soleil.

Ce peuple avait aussi une connaissance étendue du système stellaire binaire de Sirius, inconnu des Occidentaux jusqu'en 1862, lorsqu'il fut dévoilé par le plus puissant télescope de l'époque. Les Dogons savaient parfaitement que Sirius comprend deux étoiles, Sirius A et Sirius B, lesquelles tournent en orbite selon un cycle de 50 ans, permettant à l'une des deux étoiles seulement d'être visible pendant la plus grande part de ce cycle.

Sirius A, une étoile scintillante qui porte le nom d'étoile du Grand Chien, était pour les Dogons la plus importante étoile dans le ciel puisqu'ils la croyaient à l'origine de la vie. Ils connaissaient aussi Sirius B, 100 000 fois plus petite que sa jumelle et classée parmi les naines blanches. Ils l'appelaient « l'étoile la plus lourde ».

De telles constatations sont relativement récentes pour l'astronomie moderne, pourtant cette tribu les possédait bien avant que des instruments comme le télescope ne soient inventés. Le mystère s'épaissit davantage si l'on considère l'explication qu'ils donnent sur l'origine de leur savoir.

Selon la tradition tribale, les Nommos, une race de dieux extraterrestres originaire du système de Sirius, le leur ont donné.

La légende raconte que les Nommos sont arrivés dans un vaisseau spatial, cerné de feu et de tonnerre. Ils étaient terrifiants avec leur apparence de poisson, assez proche de celle d'autres dieux aquatiques de religions anciennes comme Isis l'Égyptienne et le Babylonien Oannès. Ces êtres amphibiens libérèrent de grandes quantités d'eau pour y vivre.

Les Dogons appellent Sirius B « l'étoile Nommo » et parlent aussi d'une troisième étoile mystérieuse, Sirius C, laquelle n'a toujours pas été identifiée par la science moderne. Selon la tribu, cette troisième étoile s'appelle

Un Dogon avec sa fille dans le sud du Mali.

« soleil de femmes ». Il est dit qu'elle réapparaîtra dans le ciel lorsque les Nommos se révéleront à nouveau sur la Terre.

Avec cette légende, les Dogons possèdent leur propre explication sur la façon dont ils ont acquis leur remarquable connaissance. Mais que pense le reste du monde ? Trois hypothèses ont été émises, chacune avec ses partisans et ses détracteurs.

La première suggère que les Dogons ont pu avoir connaissance de Sirius par transmission orale. Cet argument est toutefois invalidé par le fait que ce savoir tribal s'appuyait sur des tablettes cunéiformes longtemps avant que la science moderne n'ait même conscience de l'existence du système stellaire.

La deuxième possibilité serait que l'une des grandes civilisations anciennes, égyptienne ou perse, possédait elle-même ce savoir astrologique et l'a transmis à un Dogon vagabond ou nomade. Cette théorie paraît cependant peu probable puisque ce peuple a choisi de vivre isolé, loin du reste du monde.

Selon la troisième explication, un prêtre visionnaire ou un voyant aurait livré cette prophétie à la tribu, laquelle l'aurait intégrée à sa mythologie. Cette version paraît aussi incroyable que l'explication donnée par la tribu. Peut-être devrions-nous en fait davantage prendre en compte la version dogon et la tenir pour exacte. Après tout, ce peuple a eu raison sur de nombreux points. Le fait qu'il ait vécu isolé et dans l'ignorance des théories occidentales se rapportant aux extraterrestres rend son explication plus crédible encore. Comment autrement pourrait-il donner la description d'un extraterrestre à moins d'en avoir déjà rencontré un ?

La question est sans réponse, mais ce qui est certain, c'est que cette soi-disant tribu « primitive » était en fait bien plus avancée que ce que l'on aurait cru possible.

CIUDAD BLANCA

Cachée quelque part dans la vaste et impénétrable jungle d'Amérique centrale se trouve la légendaire « Ciudad Blanca » ou « cité blanche ». On raconte qu'elle aurait abrité une richesse incroyable et qu'elle aurait pourtant été abandonnée il y a des centaines d'années pour des raisons inconnues. De nombreuses expéditions internationales ont entrepris de la localiser, employant la technologie satellitaire la plus sophistiquée, mais la densité de la jungle du Nicaragua et du Honduras est tellement importante qu'à ce jour, la tâche s'est révélée impossible.

La première mention connue de la « Ciudad Blanca » date de 1526. Hernando Cortés, le conquérant du Mexique, en parle en utilisant les noms de Xucutaco ou Hueitapalan. Il n'est pas surprenant que l'Espagnol se soit intéressé à la ville puisque ses richesses étaient censées rivaliser avec

Portrait d'Hernando Cortés.

celles de Tenochtitlan, l'opulente capitale mexicaine. Séduit par la perspective, Cortés envoya de nombreux partisans à la recherche de ce royaume perdu, mais la Côte des Moustiques et sa nature traîtresse empêchèrent les *conquistadores* de le trouver et ils abandonnèrent rapidement leur quête.

On pense néanmoins qu'avant même l'arrivée des *conquistadores*, la « Ciudad Blanca » était en déclin. À l'époque, le peuple Pech, originaire d'Amérique du Sud, occupait la région. Il multipliait les escarmouches avec les tribus voisines comme avec les Espagnols.

Alors qu'est-il arrivé à cette ville et pourquoi a-t-elle été abandonnée ? Peut-être avait-elle atteint ses limites naturelles d'expansion. Ou alors, étant déjà sur le déclin, elle n'a pu surmonter l'arrivée des *conquistadores* qui portèrent un coup fatal au mode de vie des Mésoaméricains, mettant fin à la prospérité et à l'équilibre de ces civilisations.

La vitesse avec laquelle la jungle de la Côte des Moustiques peut recouvrir une cité est remarquable, surtout si l'on songe qu'avant l'arrivée des Espagnols, la région comptait parmi les plus peuplées au monde. La « Ciudad Blanca » fait partie des nombreuses cités perdues d'Amérique centrale, mais pour le Honduras contemporain, elle représenterait un trésor national et culturel de première importance si elle venait à être découverte un jour.

LES ANASAZIS

Peu connue aujourd'hui, la civilisation anasazie s'est pourtant développée pendant plus de 1 000 ans dans la région des États-Unis couvrant aujourd'hui le Colorado ainsi que le nord de l'Arizona et du Nouveau-Mexique. À leur apogée, vers 1050, les Anasazis possédaient une société évoluée, capable de bâtir de grandes structures. Certaines habitations pouvaient contenir plus de 500 pièces. Elles étaient construites à flanc de falaise selon des plans parfois très complexes. Au milieu du 12e siècle, tout s'effondra et les Anasazis se dispersèrent. Vers 1300, la tribu avait totalement disparu. Les raisons de cette disparition sont toujours inconnues à ce jour.

Les premiers explorateurs et collectionneurs furent étonnés par ce qu'ils découvrirent de cette tribu au travers des poteries et des objets abandonnés en grand nombre. À l'origine, ces découvertes furent attribuées aux lointains Aztèques car l'on croyait les peuples indigènes de la région incapables d'avoir eu une société aussi élaborée. L'idée qu'une autre civilisation pouvait être à l'origine de ces vestiges ne vint que plus tard.

Le site le plus impressionnant laissé par les Anasazis est celui de Chaco Canyon, au Nouveau-Mexique. On pense qu'il se trouvait au centre d'une communauté reposant sur un réseau de fermes et de villages. Les fondations de plusieurs palais ont été déblayées, étayant l'idée que cette cité centrale pratiquait le commerce, l'astronomie et les cérémonies spirituelles.

Vestiges de Mesa Verde, accrochés à flanc de canyon (Colorado). Ces habitations furent un temps attribuées aux Aztèques.

Peut-on concevoir qu'une telle société aussi sophistiquée se volatilise aussi facilement ?

Nombreuses sont les civilisations dans l'histoire à avoir décliné ou disparu. Certaines populations, comme les habitants de Pompéi ou de la Crête minoenne, ont été éliminées de la surface de la terre suite à une catastrophe naturelle. Les destins d'autres civilisations donnent toujours lieu à des spéculations. On sait que de nombreux facteurs peuvent conduire au déclin d'une société évoluée, tels que la sécheresse, la famine ou la guerre. Sur certains sites, notamment anasazis, des traces de feu ont été trouvées, éclairant le triste destin des habitants.

L'apogée et le déclin de certaines cités bien connues à travers le temps nous donnent l'opportunité d'apprendre des erreurs et des malchances du passé. Le maintien du *statu quo* est continuellement précaire mais si nous parvenons à éviter certaines erreurs de nos prédécesseurs, peut-être pourrons-nous considérer avoir progressé.

LES MAYAS ET LES AZTÈQUES

Les civilisations mayas et aztèques sont de fascinants exemples de cultures élaborées, qui se sont développées en Amérique centrale bien avant l'arrivée des envahisseurs espagnols. Bien que les Mayas aient précédé les Aztèques, les deux peuples ont partagé un certain nombre de croyances, en particulier concernant l'astronomie, la religion et les sacrifices rituels. Tous deux ont aussi construit de grands observatoires, des temples et des pyramides pour pratiquer leurs cérémonies.

Les Mayas atteignirent leur apogée entre 900 et 1200. Pendant cette période, ils étendirent leur influence sur une grande partie de l'Amérique centrale, commerçant également avec des nations aussi lointaines que le Pérou. Un de leurs points forts résidait dans la qualité de leur architecture et de leurs bâtiments. Leur technique était tellement avancée que jusqu'à aujourd'hui, il reste des temples et des pyramides enfouis à découvrir à travers toute la péninsule du Yucatan au Mexique.

De même, les Mayas accordaient beaucoup d'importance aux concepts de temps et d'espace. Ils utilisaient un système extrêmement complexe pour marquer le temps, chaque jour du calendrier possédait son propre nom et correspondait à des calculs astronomiques précis. Dans ce cycle, tout événement cosmique, tel que le passage d'une planète, était abordé avec beaucoup de révérence.

Les sacrifices humains étaient un rituel central dans les croyances religieuses et cosmiques des Mayas. De tels bains de sang étaient jugés nécessaires, notamment lors des éclipses solaires, de façon à satisfaire les dieux.

Une fois toutes les séquences calendaires accomplies, le système recommençait, cycle éternel de la renaissance et de la régénération. Selon la prophétie maya, à chaque fin de révolution correspondaient des événements extraordinaires. Le cycle actuel devrait s'achever en 2012 : cela donnera au monde moderne une bonne occasion de vérifier l'exactitude de cette prophétie...

Tête de Maya sculptée dans un os.

On pense que la sécheresse ou la maladie, combinées à la guerre, ont conduit les Mayas à leur déclin. De fait, les édifices construits vers 1300 sont de bien moindre qualité. Au moment de la conquête espagnole, au début du 16e siècle, la plupart des grandes ruines que l'on visite aujourd'hui au Mexique étaient déjà abandonnées ou envahies par la végétation.

Alors que la civilisation maya déclinait, un certain nombre de cultures régionales étaient en pleine ascension, la plus importante étant celle des Aztèques. Les Espagnols qui entrèrent en contact avec eux pour la première fois furent stupéfaits par ce qu'ils virent : de grandes concentrations de population vivant dans d'élégantes cités organisées autour de hautes pyramides et de centres rituels. Les richesses et la splendeur de la classe dirigeante paraissaient incroyables et les Espagnols furent étonnés par le degré de sophistication sociale. Dans le même temps, la découverte de sacrifices humains à grande échelle organisés dans ces temples et dans ces pyramides les choqua au plus haut point.

Les Aztèques pratiquaient la même forme de sacrifices que les Mayas, avec peut-être même plus de ferveur. Les victimes sacrificielles étaient des guerriers prisonniers de tribus adverses ou bien des esclaves parmi les peuples soumis.

Le carnage était souvent orchestré à grande échelle dans le but de sanctifier des temples nouvellement construits, de les consacrer en l'honneur des dieux. Des fouilles organisées sur les sites des plus grandes pyramides mexicaines ont révélé des centaines de squelettes agenouillés, enterrés profondément sous les fondations. Les édifices spécialement élevés pour ces sacrifices portaient des images de crânes et de squelettes.

Certains rituels défient l'imagination. Les grands prêtres pouvaient ouvrir le torse des victimes vivantes et en détacher le cœur encore battant avec une lame en pierre. Ces cœurs étaient ensuite placés sur un autel spécifique, en offrande, tandis que les corps étaient poussés du haut des marches de la pyramide et parfois même mangés.

D'autres cérémonies, correspondant à des points cruciaux du calendrier astral, impliquaient de dépecer la victime encore vivante. Un prêtre enfilait ensuite la peau et la portait pendant un mois entier. Ce genre de rituel symbolisait la renaissance, la perte de la peau achevant un cycle comparable à la mue du serpent, créature vénérée par les Aztèques.

Progressivement, cet appétit sanglant augmenta. On trouve généralement plus de restes humains sous les temples tardifs. Apparemment, une fois le cycle du sacrifice commencé, l'effusion de sang ne pouvait aller qu'en augmentant si bien que les exigences en sacrifices étaient proportionnelles à la prospérité des Aztèques. Une histoire particulièrement horrible rapporte que lorsque les *conquistadores* entrèrent dans la capitale aztèque de Tenochtitlan, aujourd'hui Mexico City, ils remarquèrent un monument composé entièrement de crânes humains. On pense qu'il a fallu environ 125 000 crânes disposés géométriquement pour composer l'édifice.

Cette fascination mystique pour la mort peut nous paraître cruelle et étrangère, pourtant elle faisait intégralement partie de la culture de ces civilisations anciennes, qui ont développé leur propre mode de vie pendant des milliers d'années loin de ce que l'on appelait « le monde connu ». La destruction des Aztèques, incroyable exploit militaire pour Cortés, aura finalement abouti à la destruction d'une culture hautement élaborée.

Il peut paraître étrange qu'une telle liberté d'action ait été accordée aux *conquistadores* à leur arrivée au Mexique, alors qu'en fait le roi aztèque, Moctezuma, était parfaitement en mesure de les repousser. Son attitude s'explique par une ancienne prédiction annonçant l'arrivée sur terre du dieu Quetzalcóatl, lequel emploierait ses grands pouvoirs et sa sagesse pour aider les Aztèques et les peuples d'Amérique centrale à développer leur gloire. Les armures et les barbes des nouveaux arrivants correspondaient aux descriptions de cette divinité très vénérée, aussi connue sous le nom de « serpent à plumes ». En plus, les *conquistadores* arrivaient de l'est, du soleil levant.

Bien que cette prophétie se soit révélée exacte quant à l'arrivée des Espagnols, le résultat escompté ne s'est bien sûr pas vérifié. L'invasion espagnole a détruit la culture aztèque, les *conquistadores* considérant de leur devoir d'éliminer toute trace de ce peuple puissant. C'est ainsi que disparut pour toujours l'une des plus anciennes cultures de l'époque.

LES MOCHE

Avant même les Chimú et les Incas, les Moche représentent la première grande civilisation du Pérou. Leur développement s'étendit sur dix siècles (entre 100 av. J.-C. et 900) mais leurs origines demeurent encore incertaines. S'agissait-il d'un peuple indigène d'Amérique du Sud ou d'une tribu arrivée sur des radeaux sous le commandement du légendaire héros Naymlap ?

Autre question, pourquoi la culture Moche a-t-elle finalement disparu du continent ? Une explication serait la guerre, car les trésors culturels retrouvés, objets d'art ou poteries, datant de la période tardive donnent une place importante à ce thème.

La société Moche était particulièrement évoluée pour son époque, notamment en ce qui concerne l'architecture et l'ingénierie. Les édifices, solides et vastes, dont certains sont encore debout aujourd'hui, étaient construits en briques d'adobe faites à partir de boue puis séchées au soleil. Certaines constructions pouvaient en employer jusqu'à 100 millions.

L'une de leurs plus remarquables réalisations est Chan Chan, la plus grande cité précolombienne d'Amérique, utilisée, comme souvent, pour des fins religieuses. La plupart des bâtiments et des pyramides servaient au culte et à l'astronomie. Deux des plus grandes pyramides encore debout portent le nom de « Huacas del Sol y de la Luna » c'est-à-dire « temples du soleil et de la lune ». Comme d'autres cultures anciennes, les Moche portaient un intérêt religieux aux étoiles, leur course ayant une grande signification pour eux.

Autre indice de la grande sophistication de cette culture : son incomparable système d'irrigation, encore utilisé de nos jours par les fermiers locaux. Canaux et rigoles s'étendent sur des centaines de kilomètres, utilisant uniquement la gravité pour impulser le mouvement de l'eau. Ce système leur a permis de capter l'eau des hauteurs andines et d'augmenter ainsi le rendement de leur récolte. À leur apogée, la région était bien plus développée et prospère qu'elle ne l'est aujourd'hui.

Malheureusement, les Moche ne possédaient pas d'écriture, ce qui limite la connaissance que nous pouvons avoir d'eux. Une grande part des renseignements les concernant provient de leurs objets d'art, dont beaucoup ont malheureusement terminé entre les mains de leurs successeurs, nous privant de précieuses réponses. Ainsi, nombre de questions concernant cette société si évoluée, fondatrice de la culture péruvienne, demeurent en suspens.

SHAMBALA

Selon les textes sacrés tibétains, le royaume caché de Shambala est un endroit mystique. Bien que situé quelque part entre les montagnes du Tibet et le vaste désert de Gobi, il est avant tout séparé du monde matériel par une barrière spirituelle, c'est-à-dire que seuls les élus pourront un jour l'atteindre. Pendant des siècles, des lamas tibétains l'ont cherché, consacrant parfois plusieurs années de leur vie à se préparer spirituellement.

Les manuscrits tibétains contiennent des descriptions détaillées de cette terre isolée. Les cartes la comparent à un lotus avec huit pétales et le palais de Kalapa au centre. Les illustrations montrent que les habitants possèdent des moyens avancés de transport comme des avions et un système de navettes. Ils possèdent aussi des instruments scientifiques sophistiqués pour étudier les étoiles.

Ces textes contiennent des prophéties sur les dirigeants et le peuple de ce royaume mystérieux. Ils donnent des informations précises sur le règne des 32 rois de Shambala ainsi que la liste détaillée des dates de succession. Ils prédisent aussi que les habitants gagneront en puissance et en connaissance, acquérant progressivement des talents tels que la télépathie et la capacité de voyager sur de longues distances à grande vitesse. Leur ascension correspondra, pour le monde extérieur, à une période de dégénérescence, de guerre et de famine, une époque où les richesses matérielles seront préférées à la vie spirituelle.

La même prophétie explique que dans quatre siècles aura lieu le jour du Jugement. À cette date, le monde se sera à tel point détérioré qu'il sera dominé par un roi mauvais, se croyant omnipotent. Celui-ci découvrira Shambala et l'attaquera. Au cours de la bataille, Rudra Chakrin, le 32e souverain du royaume caché, conduira à la victoire une immense armée de justes et de sages, annonçant ainsi un âge de perfection.

Ceux qui croient en l'existence de Shambala voient dans l'extension du matérialisme et dans l'histoire troublée du 20e siècle la preuve de l'exactitude de ces prédictions. Cependant, comme le jour du Jugement n'est pas prévu avant 2425, il s'écoulera un certain temps avant que la véracité de cette prophétie se vérifie.

LE TEMPS DES PHARAONS

Aucun monument plus que les pyramides d'Égypte n'évoque aussi facilement l'idée de mystère. Bien que ce type d'édifice se retrouve partout dans le monde, elles seules, les plus anciennes et les plus spectaculaires, ont le pouvoir de stimuler ainsi notre imagination.

La plus impressionnante, comme la plus grande, est la tombe du roi Khéops à Gizeh, en Égypte. Fils de Snéfrou et de la reine Hétep-Hérès Ire, il est monté sur le trône dans sa vingtaine pour devenir le deuxième pharaon de la quatrième dynastie. En dépit de son jeune âge, il a immédiatement commencé à préparer et à construire sa tombe. Il fut le premier pharaon à édifier une pyramide à Gizeh, ouvrant une période de constructions monumentales qui allaient défier le temps. Les indices présents dans la grande pyramide offrent un aperçu alléchant sur l'exacte raison d'être de ce genre de structure.

Pour achever la pyramide de Khéops, il aura fallu plus de 20 ans et 2,3 millions de blocs de pierre, pesant chacun jusqu'à 2,5 tonnes. Les dimensions incroyables de cette tombe peuvent très bien avoir reflété la puissance et le respect dont jouissait ce pharaon. Momification, édifice monumental et rites funéraires avaient pour objet d'assurer au roi un passeport pour l'au-delà, tout comme les vastes chambres construites à l'intérieur de la tombe et remplies d'immenses richesses.

En y regardant de plus près, un certain nombre de facteurs ont amené à soupçonner qu'il y aurait peut-être une signification cachée contenue dans cette architecture. Tout d'abord, la chambre funéraire de Khéops est plus grande que toutes celles connues aujourd'hui à travers le monde et sa construction est plus élaborée. Elle est tellement complexe qu'elle intègre un petit axe courant en ligne droite de la chambre au ciel.

L'exactitude du tracé est telle que certains égyptologues pensent qu'il pouvait servir de canal de sortie pour le « ka », c'est-à-dire l'esprit du pharaon. On a aussi suggéré que l'axe s'alignait avec la constellation d'Orion à l'époque des funérailles royales et que cette pyramide, ainsi que les deux autres construites à Gizeh, représenteraient en fait cette constellation sur terre. Le fait qu'Orion revête une importance particulière pour les Égyptiens en termes de vie après la mort étaierait cette théorie.

La perfection mathématique des dimensions ou de la position de cette pyramide a aussi fait débat, car ces facteurs étaient importants aux yeux des Égyptiens. Chaque face de la pyramide est très exactement orientée vers un point cardinal. Les Égyptiens s'appuyaient sur le nord géographique, lequel correspond à l'axe de rotation de la Terre, et non au nord magnétique. Ce fait démontre la connaissance avancée que les Égyptiens possédaient du monde : ils savaient apparemment que la Terre était ronde et qu'elle tournait. Autre constatation étonnante : la pyramide se trouve précisément sur le 30e parallèle, exactement à un tiers du chemin entre le pôle Nord et l'Équateur.

De même qu'il semble y avoir un positionnement précis et recherché dans la construction des pyramides de Gizeh, le temple d'Amon-Rê à Carnac présente un curieux alignement. Les portes du monument ont été construites de manière à s'aligner selon un axe de 26° sud-est 26° nord-ouest sur plus d'un kilomètre. Cette orientation coïncide exactement avec l'axe du soleil levant et couchant durant les solstices d'hiver et d'été.

Simples coïncidences ? Pris ensemble, ces indices tendent à suggérer que les édifices de l'ancienne Égypte avaient une valeur symbolique. De plus, leur taille volontairement gigantesque assurait qu'ils défieraient le temps et porteraient ainsi ce message aux millénaires suivants, démontrant l'importance que ce peuple attachait à certaines périodes de l'année, comme les solstices. Le calendrier égyptien suivait une sorte de cycle zodiacal dans lequel chaque journée possédait une valeur cosmique. Dans son essence même, cette démarche est comparable aux concepts développés par l'astrologie dans nos cultures contemporaines.

Les pyramides sont un symbole mystique évident, qui inspire une grande curiosité à travers le monde entier. Nous ne pouvons que deviner leur signification profonde, et celle-ci nous échappera peut-être toujours. Mais le plus important est qu'elles nous poussent à nous poser les bonnes questions : sur la puissance et la sagesse des anciens, la nature de la civilisation et les mystères de l'univers.

Les pyramides de Gizeh, construites en l'espace de trente ans sous le roi Khéops (2550 av. J.-C.).

HISTOIRES DE FANTÔMES

Quelle tradition orale n'a pas transmis des histoires de revenants à faire dresser les cheveux sur la tête ? Thrillers, films, châteaux hantés des champs de foire, visites guidées et livres à la pelle explorent la possibilité d'une vie après la mort et révèlent notre fascination pour les fantômes. Certains hantent le lieu de leur mort pour obtenir justice. D'autres mettent en garde les vivants. Ceux qui les ont rencontrés disent qu'ils sont bienveillants, ce qui les rend sympathiques, mais certains esprits peuvent être négatifs et parfois déclencher, dans leur colère, des forces puissantes.

CHÂTEAUX EFFRAYANTS

À travers les siècles, les châteaux ont été témoins de la souffrance humaine : incarcération, maladie, suicide ou meurtre. Il n'est donc pas surprenant qu'ils concentrent un grand degré de vie spectrale entre leurs murs.

Pendant des centaines d'années, d'étranges apparitions ont eu lieu à la tour de Londres, le plus ancien palais-prison-forteresse d'Europe. La tour a été construite par Guillaume le Conquérant sur un site qui avait été, plus de 1 000 ans auparavant, un fort romain construit par l'empereur Claude. Aujourd'hui, le monument attire un grand nombre de visiteurs, dont beaucoup espèrent apercevoir l'un des nombreux fantômes qui hanteraient les lieux.

Lorsqu'elle servait de prison, la tour a accueilli de célèbres résidents : la reine Anne Boleyn, Guy Fawkes, Thomas More, la princesse Élisabeth, Lady Jane Grey ou Walter Raleigh. Beaucoup de ces malheureux prisonniers ont été torturés jusqu'aux limites de leurs forces avant d'être exécutés d'une façon barbare, le plus souvent décapités, pendus, écartelés ou équarris. Leur tête était ensuite empalée sur des piques accrochées au mur d'enceinte, vision horrible servant d'avertissement aux passants.

Une longue liste de rapports parle de revenants dans la tour de Londres. Le premier d'entre eux date de la moitié du 13e siècle. Les ouvriers travaillant à la construction de l'enceinte intérieure auraient affirmé que le fantôme en colère d'un certain Thomas Becket leur était apparu et avait frappé le mur de sa crosse, le réduisant en miettes.

Le fantôme de la vieille comtesse de Salisbury, 70 ans, s'attarderait encore autour de la place des exécutions ou elle a connu unc fin vraiment sinistre. Henri VIII avait ordonné sa décapitation, mais au dernier moment elle essaya d'échapper à sa mort en courant loin de l'échafaud. Le bourreau la pourchassa et balança sa hache qui la frappa à mort. Certains disent avoir vu la scène se rejouer sous leurs yeux, d'autres auraient observé l'ombre de la hache fatale se profiler sur les murs.

De toutes les âmes tristes qui erreraient dans la tour, celle d'Anne Boleyn serait la plus familière. Ce personnage de tragédie a été jugé et exécuté pour adultère et trahison après avoir perdu son bébé, l'héritier potentiel du trône. Son corps sans tête, reconnaissable à la robe qu'elle portait le jour de son exécution, marche encore aujourd'hui de la maison de la reine à la basilique Saint-Pierre-aux-Liens où une procession de dignitaires spectraux l'accompagne vers sa tombe sous l'autel.

Mais l'endroit le plus craint de la forteresse demeure la tour de sel. Tout le monde l'évite. Les gardiens répugnent à y aller la nuit tombée depuis que l'un des leurs y a été retrouvé mort, étranglé. Les chiens, qui possèdent, comme beaucoup d'autres animaux, un sixième sens pour le surnaturel, refusent d'approcher ce secteur, alimentant ainsi la superstition et le mystère.

Pas plus tard qu'en 2003, d'étranges incidents survenus lors d'une séance photo ont apporté un signe tangible de la présence d'esprits. Les ampoules n'arrêtaient pas de sauter et les flashs se sont subitement éteints, sans explication. Le plus étrange, c'est qu'une fois le film développé, parmi les nombreuses photos voilées se trouvait un cliché avec, au centre, une boule de lumière matérialisée.

Une autre destination de choix pour les touristes en Angleterre : le château de Windsor, résidence royale depuis le 11e siècle jusqu'à aujourd'hui. À travers les siècles, il a vu beaucoup de naissances et de morts et fait partie d'un nombre incalculable de légendes sur la sorcellerie et la trahison.

Parmi tous les fantômes qui hanteraient les murs du château, ceux de trois rois font particulièrement sentir leur présence. On entendrait encore marcher et gémir Henri VIII tandis que le fantôme du Charles Ier, décapité en 1649 à White Hall, aurait été vu, avec sa tête, dans la bibliothèque et la maison des canons. On aurait aussi aperçu le roi fou George III, qui avait été incarcéré dans le château avant sa mort.

Tout aussi connu : le château d'Édimbourg, en Écosse, une forteresse magnifique d'austérité élevée sur le site d'un volcan autrefois actif. Cette construction presque millénaire a été le témoin de sommets de violence et de mort si l'on en juge par le grand nombre d'apparitions qui ont lieu dans les parages. Les plus célèbres sont les tambours et les joueurs de cornemuse décapités qui se promèneraient sur les remparts au son de leurs instruments.

Récemment, de nouvelles histoires concernant les esprits ont vu le jour suite à une fascinante découverte faite dans les années 1990. Des travaux de rénovation ont révélé les fondations de bâtiments sous la ville moderne. On sait que la population d'Édimbourg fut décimée pendant la grande peste de 1665. Alors que l'épidémie reculait, les dirigeants qui avaient survécu jugèrent nécessaire de reconstruire une cité sur l'ancienne, ravagée. Les bâtiments contaminés furent murés, avec les malades encore vivants, et le tout recouvert par les nouveaux édifices. Depuis que ce monde oublié est revenu à la surface, de nombreuses personnes disent avoir entendu des voix et aperçu de fascinants éclairs de lumière émanant de la ville souterraine.

Un autre château écossais, Glamis Castle, apparaît dans la célèbre tragédie de Shakespeare *Macbeth*. Les scénarios étranges qui s'y déroulent ne se limitent pas au théâtre : de sombres et obsédants événements ont eu lieu dans ses murs.

La légende raconte les crimes du deuxième Lord de Glamis, qui fraya avec le diable et dont l'héritage ne fut que brutalité et actes de violence. « Le comte à la barbe » ou « le vilain Lord », comme on le surnommait, était violent, joueur et buveur. Un soir, incapable de trouver un partenaire de jeu, il annonça qu'il pourrait jouer avec le diable lui-même. Quelques instants plus tard, quelqu'un frappa à la porte. Un homme de grande taille, avec une barbe, habillé entièrement de noir, demanda au comte s'il cherchait toujours quelqu'un pour parier. Lorsque les serviteurs entendirent des cris et le bruit de meubles que l'on balançait dans la pièce, ils regardèrent par le trou de la serrure pour tenter de voir ce qui se passait. L'un d'entre eux fut surpris dans cette position par son maître. Lorsque le comte de Glamis retourna dans la pièce, le sombre personnage avait disparu, emportant avec lui l'âme de l'aristocrate joueur. Ce dernier mourut cinq ans plus tard et l'on raconte que son âme torturée d'ivrogne erre toujours dans le château en attendant de retourner dans la pièce pour jouer avec le diable.

Le château abrite aussi le fantôme de Janet Douglas, épouse du sixième Lord de Glamis. Après la mort soudaine de son mari, elle fut accusée, sans preuves, de meurtre et de sorcellerie. Jugée et déclarée coupable de complot de meurtre sur la personne du roi d'Écosse, elle fut sommairement exécutée à Édimbourg en 1537. Son esprit errerait dans les pièces de Glamis et on l'aurait fréquemment vu prier dans la petite chapelle où elle chercha vainement refuge il y a presque 500 ans.

Cherche-t-elle la justice, comme beaucoup d'autres fantômes ? Quels que soient leurs motifs, ces spectres continuent à hanter quelques-uns de nos plus vieux châteaux et encore aujourd'hui, ils représentent une source constante de fascination pour l'humanité.

Livre de prière d'Anne Boleyn qu'elle utilisa durant son incarcération à la tour de Londres.

LES MAISONS ENSORCELÉES

Les maisons hantées ont inspiré des générations d'écrivains, d'artistes et de réalisateurs tout en captivant des hommes de tous âges et de toutes nationalités. Étudier l'histoire de ces demeures donne un fascinant aperçu de leurs résidents d'un autre monde.

Temple House, à Leeds, à l'ouest du Yorkshire, est une demeure de style Tudor dressée au centre de 1 200 acres d'un jardin luxuriant à l'anglaise. Le *Domesday Book* atteste déjà de son existence en 1086. Au 12e siècle, elle devint propriété de l'ordre des Templiers avant de passer, au 15e siècle, entre les mains de la famille Thomas, plus précisément de Lord Darcy, un ami du cardinal Wolsey. Ce Lord fut le premier d'une longue liste de propriétaires à opérer des transformations encore visibles aujourd'hui sur l'édifice. Suite à l'implication de Lord Darcy dans la rébellion du pèlerinage de Grâce et à sa décapitation, la maison fut saisie au nom d'Henri VIII et donnée à sa nièce, la comtesse de Lennox.

C'est dans ce contexte historique que naquit Lord Darnley, Henri pour les intimes. La chambre la plus célèbre de la maison porte son nom aujourd'hui. L'enfant grandit dans les intrigues politiques, lesquelles aboutirent à son mariage mouvementé et tragique avec la reine d'Écosse. Il mourut assassiné.

Après cette affaire, la reine Élisabeth Ire réquisitionna la maison, qui passa de mains royales en mains royales et par autant de transformations, tout en restant un centre de contestation politique. L'assassinat de Darnley ne fut en effet pas le seul à marquer les lieux. Dans ce contexte, pas étonnant que la « Hampton Court du Nord » abrite plus que des vivants.

De nombreux esprits ont été vus à travers les siècles dans diverses parties de la maison, plus particulièrement dans la chambre de Darnley, située dans l'aile sud-ouest d'époque Tudor. On dit aussi que le fantôme d'un Templier monterait encore régulièrement la garde après 900 ans et qu'un petit garçon a l'habitude de sortir d'une armoire pour traverser la pièce en hurlant de douleur et d'angoisse.

Autre habituée des lieux : la « Blue lady », c'est-à-dire le fantôme de Mary Ingram dont le portrait orne les murs de la chambre au damas vert. Elle vivait sur le domaine au 17e siècle. Une nuit, alors qu'elle revenait chez elle, son attelage fut attaqué et dévalisé par des voleurs de grand chemin. Bien qu'elle en sortît indemne, l'incident l'ébranla psychologiquement car elle chercha ensuite à cacher ses richesses par tous les moyens. Cela devint une obsession. Elle hante encore les lieux aujourd'hui, dans sa longue robe bleue et son châle en dentelles, à la recherche de ses trésors perdus.

Une autre demeure royale a aussi reçu sa part de scandales et d'intrigues : Cumnor House dans l'Oxfordshire, propriété au 16e siècle de Lord Robert Dudley et de sa femme Amy Robsart. Proche ami de la reine Élisabeth Ire, Lord Dudley ne quitta pas la jeune souveraine pendant les premières années de son règne.

La rumeur a laissé entendre qu'un mariage royal aurait été envisagé si Lord Dudley n'avait pas déjà été marié. Dans sa quête du pouvoir et de la faveur royale, ce dernier avait délaissé son épouse et Amy était parfaitement consciente d'être le seul obstacle entre son mari et le trône.

Craignant pour sa vie, elle se retira à Cumnor avec quelques serviteurs de confiance pour toute compagnie. Devenue paranoïaque, elle commença à faire très attention à sa nourriture de peur d'être empoisonnée, et elle ne sortait plus se promener sur ce domaine qu'elle aimait pourtant tellement.

Malgré toutes ces précautions, elle ne put échapper à son destin. Un jour, alors que son personnel l'avait laissée seule pour se rendre à la foire annuelle, elle rencontra la mort. Ses serviteurs trouvèrent son corps brisé au pied des escaliers. Diffamation et calomnies s'ensuivirent, Élisabeth Ire et Lord Dudley faisaient figure de principaux suspects. Devant ce scandale, la reine abandonna son projet de mariage, qui aurait confirmé les rumeurs, et fit de Dudley le comte de Leicester. Ils restèrent proches jusqu'à ce qu'il meure, en 1564.

La vérité concernant le mystérieux décès d'Amy Robsart n'a jamais été établie. Peut-être est-ce pour cela que l'on distingue aussi souvent son âme torturée dans les parages. En 1810, les propriétaires de l'époque décidèrent de démolir l'escalier, avec pour effet de pousser ce spectre dans les jardins et le parc entourant la maison. En dépit des exorcismes, les voisins disent encore l'apercevoir dans les environs de la demeure où elle connut une fin si tragique.

Dans le Norfolk, la demeure ancestrale des marquis de Townsend figure aussi sur la liste des maisons ensorcelées. L'esprit sans repos de la « Brown Lady » l'habite depuis plus de 170 ans. Il s'est fait ressentir, et même photographier.

On pense qu'il s'agit du fantôme de Dorothy Walpole, sœur de Sir Robert Walpole, qui fut le premier chef de gouvernement à habiter au 10, Downing Street. Comme Amy Robsart, Dorothy a souffert sous la houlette d'un mari cruel. Ce dernier s'occupa de leurs enfants lorsqu'elle montra des signes de désordres mentaux. La pauvre femme fut incarcérée au premier étage de Raynham Hall et, tout comme Amy, retrouvée morte après être tombée tête la première dans les escaliers.

Les différentes visions de cette âme infortunée, archivées avec soin, ont souvent converti les plus sceptiques à l'existence du surnaturel. L'un des cas les plus célèbres remonte à 1835 et au séjour de Frederick Marryat, officier de la Marine royale, qui occupait la chambre même où Dorothy était enfermée.

Bien qu'il rejetât toute allégation concernant le fantôme, Marryat avait pris la précaution de garder un pistolet chargé à portée de main lorsqu'il se trouvait dans le bâtiment. Les deux premières nuits se passèrent sans incident, mais la troisième ébranla son cynisme jusqu'aux tréfonds de son être. Deux témoins étaient présents.

Ce soir-là, les trois amis retournaient à leurs chambres lorsqu'ils virent, à leur grande surprise, une femme entrer dans celle de Marryat. L'officier apostropha l'intruse qui ignora sa mise en garde en dépit de l'arme pointée sur elle, moyennant quoi Marryat tira. Lorsque la fumée se dissipa, il n'y avait aucun corps. Seul le trou fait par la balle en pénétrant dans le mur attestait du coup de feu.

Un siècle plus tard, l'une des plus célèbres photographies d'un corps surnaturel fut prise dans la maison. Au cours d'une prise de vue pour un article dans *Country Life*, un photographe fit une découverte étonnante : l'un de ses clichés montrait clairement la silhouette d'une femme descendant l'escalier où Dorothy avait trouvé la mort. En dépit de leurs efforts, science à l'appui, les sceptiques n'ont jamais pu prouver que le cliché avait été trafiqué. Au contraire, il semble matérialiser l'existence d'une âme déchirée qui hante encore sa demeure terrestre en une incessante quête de justice.

Photo de la « Brown Lady » descendant les escaliers où elle mourut à Raynham Hall.

À des milliers de kilomètres de là, de l'autre côté du globe, s'activent aussi les fantômes. En 1884, Christopher Crawley construisit la ferme de Monte Cristo, à Junee, en Nouvelle-Galles du Sud. La maison a aujourd'hui la réputation d'être la plus hantée d'Australie.

En homme intelligent et visionnaire, Crawley avait entrepris d'édifier l'Hôtel du Chemin de Fer en même temps que sa demeure. La ligne ferroviaire du Grand Sud traversant la région depuis 1878, il tirait ainsi profit de l'explosion urbaine et assurait son avenir.

Il vivait sur son domaine avec sa femme et ses enfants, coulant des jours heureux et améliorant sans cesse sa demeure, à l'origine déjà impressionnante. Le drame frappa ce petit monde en 1910, lorsque Crawley mourut d'une infection. Son épouse passa les 23 dernières années de sa vie à le pleurer, tellement dévastée par la disparition de son mari qu'elle ne quitta plus la maison, sauf en deux occasions liées aux funérailles de l'être aimé.

En 1948, le dernier membre de la famille quitta le domaine, qui resta à l'abandon jusqu'à ce qu'il soit racheté et restauré dans les années 1960. Depuis lors, ses différents habitants ont dit avoir assisté à une foule de phénomènes surnaturels. Certains ont vu l'esprit d'un petit garçon jouant dans le jardin, d'autres ont observé une femme en costume d'époque marchant le long du balcon. Toutefois, la plupart des spectres entraperçus sont de la famille des Crawley, notamment l'inconsolable madame Crawley. Elle hanterait son ancienne maison, empêchant quiconque d'y pénétrer, ou bien la chapelle, en habit de veuve avec une grande croix en argent.

Nombreux sont les visiteurs à avoir ressenti une présence mystérieuse. Ils parlent d'un sentiment de malaise, l'impression d'être observés, et ils évoquent d'inexplicables chutes de température dans certaines parties de la maison. Les habitués rapportent d'étranges incidents tels que les portes qui claquent alors que les pièces sont vides ou les bruits de pas sur les tapis de chambres inoccupées. Ces phénomènes sont si fréquents qu'ils n'y font même plus attention.

Le nombre et la similitude de ces témoignages leur donnent une véritable crédibilité si bien que la maison a récemment fait l'objet d'une investigation paranormale dans le cadre d'un documentaire filmé. Ce reportage, combiné à la réputation déjà acquise du domaine, lui vaut d'être aujourd'hui célèbre dans toute l'Australie.

LES ÉGLISES HANTÉES

Chaque jour à travers le monde, un grand nombre de défunts sont enterrés à proximité de lieux de culte. Il n'est donc pas surprenant que beaucoup d'églises abritent des fantômes pas vraiment pressés de trouver le repos éternel. Tous les ans, des centaines de témoignages, dont certains photographiques, alimentent ce constat, sans qu'aucune explication satisfaisante puisse être fournie.

L'un des clichés les plus connus a été pris dans la pittoresque bourgade de Newby, Cumbria, en 1963. Le révérend Kenneth Lord, ayant promis de fournir une photo de l'église pour le journal du village, choisit une belle journée pour immortaliser le chœur.

Il chargea son antique appareil noir et blanc, fixa la pose et enclencha. Tout était normal jusqu'à ce qu'il développe le cliché. Sur ce dernier, on apercevait clairement une longue silhouette encapuchonnée et transparente à la droite de l'autel. L'homme d'église ne put expliquer l'anomalie et jura n'avoir rien simulé ou trafiqué.

Des experts étudièrent son travail pour vérifier s'il y avait eu falsification ou non. Ils en furent pour leurs frais, malgré les examens scientifiques les plus rigoureux. Des tests plus récents ont même ajouté au mystère en démontrant qu'un ordinateur ne pouvait pas produire une image semblable à celle du cliché.

Comment expliquer ce mystère ? Le révérend Lord possédait-il des connaissances technologiques supérieures aux nôtres ? Ou bien cette photographie apporte-t-elle bien la preuve de l'existence d'un monde invisible à l'œil nu ?

Une image tout aussi intrigante a été prise alors que la photographie vivait ses premières heures. Il s'agit d'un cliché de l'abbaye de Combermere, dans le Shropshire. Le site a connu une histoire mouvementée : d'abord abbaye cistercienne au 12e siècle, elle subit la politique d'Henri VIII au 16e siècle si bien qu'il ne resta plus que la maison de l'abbé et le réfectoire après la dissolution de la communauté. Au début du 19e siècle, cette résidence hautement désirable, ainsi que 22 000 acres de terre vallonnée et le titre de vicomte Combermere furent accordés à Sir Stapleton Cotton en récompense des nombreux services rendus au pays.

Cet illustre officier de cavalerie à la carrière éblouissante fut nommé gouverneur de la Barbade en 1817. Alors en poste, il ordonna une enquête sur le célèbre mystère des cercueils mobiles. Malgré ses efforts, il ne fut jamais capable d'expliquer comment ces cercueils, scellés dans un caveau, pouvaient se retrouver à l'intérieur de la crypte.

74 ans plus tard, le vicomte connut une fin malheureuse lorsqu'il fut renversé et tué dans sa maison par un attelage pris de folie. Le matin de son enterrement, par une froide journée de décembre, une certaine demoiselle Sybil Corbet décida de faire ses adieux à la résidence du défunt. En souvenir, elle photographia la demeure. Autrefois débordant de vie, l'endroit paraissait étrangement figé et calme quand elle prit son cliché. Elle se souvient d'avoir été mal à l'aise. Le cliché développé montra que son sixième sens ne l'avait pas trompée : elle avait apparemment capturé plus que l'atmosphère du lieu.

Si l'on étudie l'image avec attention, on aperçoit les contours d'une tête et d'un torse dans le fauteuil, avec un bras ballant sur le côté. L'apparition ressemblerait au défunt vicomte Combermere. Il aurait décidé, comme la photographe, de dire un dernier adieu à la maison.

De telles apparitions ne se cantonnent pas au Royaume-Uni. Au-delà de l'Atlantique, aux États-Unis, d'étranges phénomènes se produisent aussi, dont le plus célèbre aurait eu lieu dans le cimetière de l'église presbytérienne de Westminster à Baltimore.

En 1786, le comité de l'église décida de construire un cimetière de guerre dans un ancien verger de pêchers, situé juste en dehors de la ville. La tranquillité et la beauté du site attirèrent bientôt les citoyens les plus nantis qui édifièrent des caveaux élaborés pour accueillir leurs défunts. Parmi ces habitants illustres se trouvaient 24 généraux, quatre membres du Congrès et le célèbre Edgar Allan Poe et sa famille. Pendant la première moitié du 19e siècle, Baltimore connu une explosion démographique qui amena des changements radicaux. Il fallut construire de nouveaux immeubles, qui remplacèrent bientôt la campagne entourant l'église de Westminster. En 1850, afin de récupérer des terrains, les autorités municipales déclarèrent que les cimetières sans liens directs avec une église devaient être déplacés en dehors de la ville. Afin de contourner ce décret, le comité de Westminster décida de rattacher le site à l'église en construisant des arches sous la voûte et en élevant des murs autour des allées du

La tombe d'Edgar Allan Poe dans le cimetière de l'église presbytérienne de Westminster à Baltimore.

cimetière. Les proches se voyaient accorder un accès facile aux tombes de leurs défunts dans les catacombes sous l'édifice. Le temps passant, la ville continua de s'étendre et la communauté presbytérienne déménagea. Finalement, le cimetière tomba en déshérence, fut vandalisé et laissé aux mains des vagabonds et des voleurs de corps. Les enfants en firent leur terrain de jeu et apparemment ouvrirent des tombes : on en vit faire le tour du cimetière avec des crânes au bout de manches à balai. Le nombre d'apparitions et de phénomènes surnaturels qui ont eu lieu dans ce vieux cimetière s'expliquerait-il par le manque de respect infligé aux défunts ?

Parmi eux, celui qui se manifeste le plus est le fantôme de Lucia Watson Taylor, mise en terre alors qu'elle n'avait que 16 ans, en 1816. Son esprit bienveillant s'agenouille devant sa propre tombe pour prier.

La mystérieuse silhouette d'un homme habillé de noir des pieds à la tête hante aussi les lieux. Il porte toujours la même tenue ainsi qu'un feutre sur la tête, une écharpe qui cache son visage et une canne à la main. Fortuitement, il apparaît au moins une fois par an, le 19 janvier, date anniversaire d'Edgar Allan Poe. Serait-ce l'esprit de l'écrivain décédé ?

Les revenants viennent en si grand nombre près de l'église que le cimetière attire également voyants et chasseurs de fantômes. La transcommunication pourrait leur permettre aujourd'hui de confirmer et d'appuyer leurs recherches. Cette technologie enregistre en effet des murmures étranges : preuves d'un essai de communication de la part de l'« autre monde » ?

LES VAISSEAUX FANTÔMES

Depuis que l'homme navigue, les histoires de vaisseaux fantômes abondent. Qu'elles aient pour origine des erreurs humaines, des catastrophes naturelles ou autre chose, le résultat reste le même : le nombre d'apparitions est assez fréquent et important pour suggérer l'existence de ces bateaux d'un autre monde. Voici l'histoire de l'un d'entre eux.

Les abords du cap de Bonne-Espérance, à l'extrême pointe sud du continent africain, sont particulièrement dangereux. En 1641, le *Hollandais volant* fait route vers les Pays-Bas, les cales chargées de butin suite à une course commerciale réussie en Extrême-Orient.

À l'approche du cap, le capitaine Van der Decken songe à la possibilité d'établir une colonie sur ce même cap pour offrir une étape aux navires de commerce qui passent par ce secteur. Perdu dans ses pensées, il ne remarque pas que le temps se couvre méchamment et lorsqu'il réalise que son navire fonce droit au cœur d'une tempête, il est trop tard.

Pendant plusieurs heures, le *Hollandais volant* mène une lutte acharnée pour se maintenir à flot, mais il heurte finalement les récifs entourant la côte : sa coque est irréparable. Alors que son bateau s'enfonce dans les

Des passants regardent un bateau échoué en train de brûler au cap de Bonne-Espérance, en Afrique du Sud, vers le milieu du 20e siècle. Cette côte rocheuse a pris dans ses eaux traîtres de nombreux navires, dont le plus célèbre est le Hollandais volant. *Les récits racontant l'histoire de ce bateau maudit varient selon les pays mais tous s'accordent sur un point : sa silhouette sinistre annonce un drame et une mort terrible pour celui qui l'a aperçue.*

vagues et qu'il reconnaît enfin sa mort comme imminente, la légende raconte que le capitaine s'exclama : « Je franchirai ce cap, coûte que coûte, même si je dois pour cela naviguer jusqu'au Jugement dernier ».

Depuis ce jour fatal, touristes, habitants de la région et personnel navigant affirment avoir vu le fantôme de ce vaisseau naufragé les soirs d'orage. On raconte aussi que toute personne assez malchanceuse pour l'apercevoir connaît une fin atroce peu de temps après.

De fait, un bâtiment de la Marine royale britannique, le Bacchante, a connu un incident similaire en 1881. Alors qu'il contournait le cap, son vigie déclara avoir observé « une étrange lueur rouge, comme celle d'un bateau fantôme embrasé, au milieu de laquelle brillaient le mât, les espars et les voiles d'un brick qui se détachait à environ 200 mètres ». Peu après, l'homme tomba du mât et mourut.

Quarante-deux ans plus tard, un autre groupe de navigateurs rapporta un fait similaire : une étrange lueur et la vision d'une coque, de deux mâts et d'une brume légère à la place des voiles. Heureusement pour eux, cet aperçu ne leur valut pas une mort imminente et ils survécurent pour raconter leur aventure.

Un autre mythe des mers connaît bien les apparitions : le *Queen Mary*. Ce célèbre paquebot de croisière représentait le joyau de la compagnie Cunard avant qu'il ne soit réquisitionné pendant la Seconde Guerre mondiale comme transporteur de troupes. C'est durant l'une de ses missions, en octobre 1942, qu'eut lieu un horrible accident.

Le navire croisait au large de l'Irlande pour la dernière partie de son trajet. Six destroyers et le *HMS Curacoa* l'accompagnaient en cas d'attaque sous-marine allemande. La tactique de défense impliquait que le *Queen Mary* navigue en zigzag, précédé du plus petit des destroyers et du *Curacoa* qui évitaient ainsi de se trouver pris dans le remous du géant des mers.

Ce dernier devait en permanence modifier légèrement sa course. Durant l'un de ses petits ajustements, la salle des machines enregistra un choc à peine perceptible. Comme aucun dommage apparent n'en résultait, le navire

Le Queen Mary *achevé dans les chantiers navals de John Brown à Clydebank, Scotland, 1934.*

ignora l'incident et poursuivit sa route. Ce choc correspondait en fait au *HMS Curacoa* se coupant en deux sous la pression du *Queen Mary*. Dans la collision, 338 hommes d'équipage du *Curacoa* moururent sur les 439 embarqués.

Après la guerre, il fut décidé que le paquebot serait transformé en hôtel flottant. Afin de préparer cette transition, il devait se diriger vers Long Beach, aux États-Unis. C'est pendant ce voyage, en 1967, que d'étranges incidents eurent lieu à bord.

L'un d'eux concerne une femme en maillot des années 1950, aperçue dans la nouvelle piscine du bateau. Bien que l'accès à la zone eût été limité et que le bassin encore en travaux n'eût pas d'eau, elle paraissait sur le point de plonger. Le témoin cria et la femme se volatilisa. Dans les archives, on trouva la trace d'une femme correspondant à la description et qui se serait noyée dix ans auparavant dans la piscine de l'époque.

Une autre histoire implique l'une des portes étanches. Une nuit, lors de sa patrouille, un gardien entendit des bruits provenant de derrière la porte 13. Curieusement, son chien refusa d'approcher. Une fouille du secteur n'aboutit à rien. En revanche, les archives révélèrent qu'un jeune homme, John Pedder, avait été pris dans le mécanisme de la porte et broyé à mort.

Une guide touristique a affirmé, plusieurs années après le garde, avoir vu la silhouette fantomatique d'un jeune homme à côté de cette même porte. Lorsqu'on lui montra de vieilles photos des hommes d'équipage, elle pointa immédiatement celui qu'elle avait aperçu : il s'agissait de John Pedder. Or elle ne connaissait pas son histoire et ignorait le témoignage du gardien.

Depuis, d'autres phénomènes ont animé le navire : traces de pas mouillés dans le fond de la piscine à sec, sons étranges, portes s'ouvrant toutes seules. On aurait aussi observé le premier capitaine du paquebot, mort à son bord, arpenter le pont. Plus terrifiants peut-être sont les bruits en provenance du pont inférieur : cris de panique suivis d'un son de métal qui se déchire et d'eau qui jaillit. Un souvenir hanté des hommes du *Curacoa* ?

Mais les vaisseaux fantômes ne se limitent pas à la catégorie des navires de haute mer. Les eaux traîtresses des Grands Lacs, en Amérique du Nord, ont servi de cimetière aquatique à beaucoup d'embarcations, d'où les nombreuses histoires de spectres qui leur sont attachées.

L'une des plus étonnantes est celle d'une goélette, le Western Reserve, propriété du financier Peter Minch. Ce dernier se trouvait à bord avec sa famille lorsque le bateau coula en 1892, entraînant avec lui passagers et équipage. On peut encore le voir tranquillement voguer sur les eaux du Deer Park (Michigan), là où il sombra. Un certain capitaine Truedell avait vu la tragédie en rêve, tellement précisément qu'il fut capable d'identifier le corps de Peter Minch lorsque celui-ci fut rejeté sur la grève.

Autre mystère sur le lac Huron, la disparition et la fantomatique réapparition de l'Erie Board of Trade en 1883. La légende raconte qu'il doit son sort à la malédiction d'un fantôme.

D'après les archives, le capitaine avait ordonné à un malheureux marin d'escalader le grand mât pour s'asseoir sur la chaise du maître de manœuvre, alors qu'on la savait peu stable. L'homme avait obéi et avait mortellement chuté. Une fois le bateau en cale sèche, des histoires ont commencé à circuler sur le fantôme du marin et lors du voyage suivant, la goélette disparut mystérieusement. Elle circulerait encore aujourd'hui sur les eaux du lac.

Ces histoires à faire dresser les cheveux font de bons livres. La question est : toutes ces personnes ont-elles juste imaginé voir ces vaisseaux fantômes et leurs passagers disparus depuis si longtemps ?

GOULES ET CHAMPS DE BATAILLE

Les champs de bataille sont des scènes de meurtre, de mutilation et de chaos, c'est pourquoi ils servent si souvent de décor à des rencontres surnaturelles. L'écho de la haine ressentie par les belligérants et les violences perpétrées y résonnent encore. On ne compte plus les visiteurs ayant eu le sentiment d'être observés, les lumières fantomatiques, les mystérieuses poches d'air froid et les apparitions de soldats morts depuis longtemps.

L'une des batailles les plus mémorables de l'histoire anglaise est celle de Culloden Moor, dans les hautes terres écossaises. Ce fut la dernière à avoir eu lieu sur le sol britannique. Il pleuvait. C'était en avril 1746. La férocité de ce combat, qui tourna au bain de sang, ne dura qu'une quarantaine de minutes mais les conséquences de ce massacre se font encore sentir aujourd'hui.

La bataille opposait Bonnie Prince Charlie et les Jacobites, qui combattaient pour rétablir les Stuart dans leurs droits, aux troupes gouvernementales conduites par le prince William, duc du Cumberland. Les Jacobites étaient épuisés. Ils revenaient d'une jonction avortée avec leurs renforts suivie d'une attaque surprise manquée sur les hommes du duc et ils avaient marché plusieurs jours d'affilée. Ils se trouvaient aussi en infériorité numérique et n'étaient pas du tout équipés pour combattre sur une lande marécageuse.

La bataille de Gettysburg, illustration de 1884.

Le tir d'artillerie qui ouvrit les hostilités les décima. Sans Bonnie Prince Charlie à leur tête ni plan de bataille précis, les Jacobites hésitèrent. Le massacre s'intensifia lorsque les survivants décidèrent finalement de charger. La stratégie du prince William se révéla originale et efficace.

La ruse consistait, dans le choc du corps à corps, à frapper le voisin qui se trouvait à droite du jacobite visé, blessant ainsi l'Écossais sous le bras qui tenait l'épée, le petit bouclier de protection se portant traditionnellement à gauche.

Ceux qui ne moururent pas directement de ce coup furent cruellement massacrés alors qu'ils gisaient sur le sol gorgé de sang. Les fuyards furent pourchassés et achevés sans pitié. Bonnie Prince Charlie, qui avait été curieusement absent des premières lignes, réussit à s'enfuir en Italie, mais ne put jamais revenir dans son pays natal.

Les phénomènes surnaturels abondent sur le site, et plus particulièrement le jour anniversaire de la bataille, le 16 avril. Ce jour-là, on aperçoit des soldats et on entend la clameur des combattants combinée au choc métallique de l'acier. On parle aussi d'un Highlander grand et décharné qui prononcerait dans un souffle le mot « battu ». D'autres témoignages décrivent un soldat écossais dans son tartan allongé sur l'un des nombreux tertres du champ de bataille. Aucun oiseau ne chanterait aux abords de ces monticules. Le terrain serait aussi parsemé de puits dans lesquels s'agitent les âmes des morts, surtout dans celui de Sainte-Marie.

Le site de Gettysburg, l'une des batailles les plus sanglantes et infâmes de l'histoire américaine, n'a rien à envier en termes de revenants. D'un point de vue historique, ce fut le tournant de la guerre civile qui divisait avec rage le pays au milieu du 19e siècle. Mais si cette bataille avait aussi une signification surnaturelle ?

Chaque année, les visiteurs parcourent en masse le champ de bataille, certains pour honorer simplement la mémoire de tous les hommes tombés là, d'autres dans l'espoir d'une rencontre avec l'au-delà. Au vu des nombreux récits, il semblerait que certains secteurs se prêtent en effet à ces phénomènes paranormaux. Il y aurait même des clichés suggérant la présence d'esprits dans les environs.

La bataille eut lieu du 1er au 3 juillet 1863 entre l'armée du Potomac, menée par George Gordon Meade, et les troupes confédérées sous le commandement du général Robert E. Lee. Elle se déroula en plusieurs vagues stratégiques et escarmouches, dont la plus connue est une attaque sudiste appelée la charge de Pickett.

Toutefois, ce sont les Nordistes qui remportèrent la victoire finale. Elle coûta la vie à 48 000 hommes. À l'arrêt des combats, le terrain était inondé de sang et l'air vibrait des cris d'agonie poussés par les hommes mortellement touchés. Les porcs, libérés de leurs enclos par les combats, ajoutèrent à l'horreur en se repaissant de la chair des morts et des mourants.

D'après les témoignages, les secteurs où les combats furent les plus acharnés, tels que High Water Mark, Little Round Top ou Devil's Den, concentreraient le plus d'événements étranges : des face-à-face avec des fantômes de soldats, une sensation subite de froid, le roulement solennel des tambours et le piétinement des troupes en marche.

Le matériel électronique démontrerait aussi une possible activité surnaturelle : appareils photo et systèmes d'enregistrement en parfait état de marche refuseraient en effet subitement de fonctionner à l'approche du site.

Mais les phénomènes ne se limitent pas à ce dernier. Les habitants des environs subissent aussi leur lot de visites spectrales. Des revenants auraient été vus dans des bâtiments contemporains de la bataille et l'on évoque souvent d'étranges bruits ainsi que la présence d'orbes fantomatiques.

Dans l'école élémentaire Eisenhower, les empreintes de bottes d'un homme apparaissent régulièrement sur le plafond de la salle de bain, au premier étage. On entend aussi dans cette pièce des sons bizarres et lorsque la lumière s'éteint, de petites lumières vertes se manifestent.

Des résidents aussi vieux que la guerre civile habitent aussi Gettysburg College. Pennsylvania Hall, le bâtiment le plus hanté du campus, servait d'hôpital pendant le conflit : à ce titre, il a donc concentré la douleur, la souffrance et la mort.

Les étudiants racontent de curieuses histoires comme celle de cet ascenseur qui, plutôt que d'aller à l'étage indiqué, descend inexplicablement au sous-sol où ses occupants assistent, pour leur plus grande horreur, à une scène d'hôpital horrible.

D'autres disent qu'un soldat garde encore le bâtiment depuis sa position sur la coupole du toit. Lorsqu'il sent sur lui le regard d'une personne vivante, il pointe alors son fusil sur l'intrus puis se volatilise.

Culloden et Gettysburg ne sont que deux sites parmi la longue liste des champs de bataille à retentir encore des émotions des soldats tombés sur place. Ces endroits continueront de nous fasciner par le degré de souffrance qu'ils ont connu et qui nous les rend si poignants, lieux de pèlerinage pour l'homme mortel, si mystérieux au final.

ALCATRAZ

Histoires d'incarcérations, de tortures et d'évasions spectaculaires ont longtemps été associées à la prison mondialement connue d'Alcatraz, surnommée l'Enfer par ses malheureux occupants. Devant le nombre de mystérieux événements qui ont lieu à l'intérieur, nous devrions nous demander si derrière ses murs impénétrables ne se cache pas plus qu'une histoire sanglante. L'île serait-elle habitée par des puissances malveillantes ?

Visite guidée de la prison après sa fermeture en 1969.

Alcatraz ou « le rocher » n'a pas toujours été une prison. Du temps des Indiens, cette île isolée et stérile portait le nom de « rocher blanc » en raison des fientes de pélicans blancs. Les tribus locales l'évitaient, car elles pensaient qu'elle était hantée par de mauvais esprits et qu'il s'y trouvait peut-être un portail vers une autre et sinistre dimension.

Lorsque les Espagnols débarquèrent au 17e siècle, ils appelèrent ce bout de terre « *la isla de los alcatraces* » c'est-à-dire « l'île des pélicans ». Toutefois, ils n'en firent pas un avant-poste stratégique. Tout changea dans les années 1850, lorsque les qualités défensives de l'îlot furent mises à profit et une forteresse construite dans le but de protéger le Golden Gate.

Les travaux commencèrent en 1854. Malheureusement, les promoteurs n'avaient pas pris en compte les facteurs à la fois géographiques et météorologiques qui allaient se révéler dévastateurs pour la plupart des ouvriers. On ne pouvait aborder l'île que par un point dont l'accès était restreint par de puissants courants et des conditions climatiques hasardeuses : vent, pluie et brouillard. Une fois sur l'île, il n'y avait pas d'eau ni de végétation et, avec un approvisionnement aussi difficile, les denrées de première nécessité étaient sévèrement rationnées. Malgré la construction ultérieure d'une ville en bois autour du chantier ainsi que des routes permettant un meilleur accès, épidémie et famine se sont répandues sur l'île, causant la mort d'un grand nombre d'ouvriers.

Mais finalement, les travaux aboutirent et en 1859, les premiers prisonniers arrivèrent à Alcatraz. En 1861, la forteresse devint la prison militaire officielle pour la zone Pacifique. Les conditions de détention étaient atroces. Les prisonniers devaient dormir tête-bêche à même le sol, en rangs numérotés, sans aucune installation sanitaire. Bien évidemment, ils mouraient de maladie pendant leur détention.

Au fil du temps, la prison gagna en réputation. Elle accueillait les condamnés militaires et les pires criminels de la société. Voleurs, brutes, violeurs, meurtriers et spécialistes de l'évasion étaient envoyés dans cette imposante forteresse d'où ils avaient peu de chances de s'échapper. Si néanmoins ils essayaient de fuir ces affreuses conditions de vie en une tentative désespérée, la nature jouait contre eux, car des courants redoutables les ramenaient vers l'île ou provoquaient leur naufrage dans les eaux glacées du Pacifique.

Dans les années 1930, Alcatraz devint une prison de haute sécurité, où seuls les criminels les plus endurcis étaient confinés. Des hommes armés de pistolets montaient la garde, même si au final les prisonniers étaient plus nombreux à mourir des mauvaises conditions de détention que d'une balle. Et toujours, la nature paraissait déterminée à les punir. Un brouillard dense et écœurant enserrait le fort et des vents glacés parvenaient à traverser ses murs impénétrables, favorisant rhumes et maladies parmi les détenus.

Ceux-ci devaient aussi endurer l'angoisse de l'isolement, renforcé par le fait qu'ils pouvaient voir les lumières de San Francisco et entendre le bruit des fêtes données sur les bateaux qui passaient à proximité de l'île. Leur vie était dure, brutale, soumise à une violence constante entre codétenus. Ceux qui parvenaient à survivre à leur tentative d'évasion étaient immédiatement exécutés.

En 1969, après être restée vide pendant quelques années, la prison ferma et devint la propriété du Golden Gate National Recreation Area. Chaque année, elle attire des hordes de visiteurs, séduits par son histoire de brutalité, de sang, d'angoisse et de haine. Ils viennent aussi de plus en plus pour les étranges histoires qui circulent sur la forteresse. La plupart proviennent des employés et des autorités qui la fréquentent régulièrement. Cela les a rendus très sensibles à une certaine aura malveillante. Ils parlent d'un sentiment d'épouvante, de la sensation d'être observé, de cris tourmentés, de bruits de chocs inexplicables et de la fermeture mystérieuse et soudaine de portes de cellules.

Le bloc de cellules D serait le secteur le plus hanté et le plus effrayant. Il s'agit du bloc d'isolement, qui accueillait les criminels les plus endurcis. Dans leurs cellules, les prisonniers se tenaient debout, dans l'obscurité et le froid, pendant des jours, sans aucun contact, et comme si ce n'était pas suffisant, on racontait qu'un fantôme errait dans le bloc et étranglait les malheureux détenus.

La mort inexplicable de l'un d'entre eux était à l'origine de cette rumeur. Les experts médicaux sont restés perplexes devant son décès. Les ecchymoses retrouvées sur son corps montraient en effet qu'il lui avait été physiquement impossible de s'étrangler lui-même. L'esprit malveillant était-il le responsable ? Quoi qu'il en soit, de nombreux pensionnaires du bloc D hurlaient souvent de terreur et certains terminèrent même fous.

Aujourd'hui, certains rangers refusent d'approcher ce secteur, inhabituellement froid et synonyme d'horreur et d'épouvante pour qui y pose le pied. L'un des nombreux voyants en visite sur l'île a affirmé avoir senti des mains glacées autour de son cou dans l'une des cellules du bloc D. Il aurait ressenti une telle peur que ses cheveux se seraient dressés sur sa tête.

Ailleurs dans la prison, on peut entendre des sanglots ou un étrange bruit de sifflet. Des fantômes de détenus apparaissent devant les rangers et les visiteurs. Parfois même, le phare pourtant démoli il y a des années de cela apparaît dans le brouillard et jette une lumière fantomatique au-dessus de l'île hantée.

Aussi morbides soient-elle, ces rencontres paranormales fascinent le monde dans son ensemble et attirent une foule de gens vers l'île, peut-être dans l'espoir d'expérimenter de telles rencontres. Que les Indiens aient eu raison ou non à propos ce portail vers un autre monde, le site paraît certainement posséder une bonne dose d'énergie négative qui captive tous les visiteurs.

SPECTRES DE CORNOUAILLES

La Cornouailles est une région des îles britanniques qui baigne littéralement dans le folklore et le mystère. Les histoires sinistres de contrebandiers et de marins ainsi que les étranges récits de fantômes abondent sur cette terre sauvage et isolée.

Tous les hôtels et les établissements de la région ont leurs propres histoires de revenants. L'un des plus connus est l'auberge de la Jamaïque, prêt de Bodmin. Daphné du Maurier a immortalisé l'endroit dans l'un de ses romans.

Jusqu'à ce jour, pour le plus grand malaise du public, un marin assassiné apparaît régulièrement au bar, visiblement dans l'intention de finir son verre.

L'hôtel Wellington de Lanreath serait habité non pas par un mais plusieurs fantômes. L'un d'entre eux, un cocher du 18e siècle, passe nonchalamment devant la réception de l'hôtel avant de disparaître à travers le mur. Tous les témoignages s'accordant sur les détails de la scène, on peut penser que l'histoire recèle bien une part de vérité.

Un autre esprit serait celui d'une jeune fille en plein désespoir amoureux se jetant du haut de la tour de l'hôtel.

Un autre encore semble attirer les animaux qui donnent l'impression de suivre avec enthousiasme un être apparemment invisible à l'exception d'une ombre bougeant sur le sol.

Dans le genre fantôme bienveillant, il y a celui de l'ancien manoir de Duporth. Les premiers récits remontent à un siècle, lorsque la maison originale était toujours debout. Les occupants de l'époque ont parlé d'une religieuse, affectueusement surnommée « Flo », que l'on pouvait entendre gratter des allumettes et ouvrir très régulièrement les meubles. Bien que ce manoir ait depuis longtemps laissé la place à un village de vacances, il semblerait que Flo soit toujours dans les parages. On rapporte que le tourniquet de l'aire de jeux bouge sur son axe sans qu'il y ait de vent, des bouilloires enfermées dans des pièces vides s'animent soudain sous l'impulsion de l'eau bouillante, les machines à coudre se mettent à fonctionner de leur propre chef. Le personnel du village de vacances dit que lorsqu'ils demandent à Flo d'arrêter ses bizarreries, le silence revient.

Blackaways Cove, dans le nord de la Cornouailles, est un endroit plus sinistre. Cette petite crique isolée se trouve à proximité de dangereux récifs et a assisté au cours des siècles à de nombreux naufrages. Peut-être les fantômes des marins noyés ont-ils plongé la région dans la superstition ? Ou alors, l'étrange atmosphère que l'on ressent dans la crique vient peut-être d'un drame qu'elle aurait abrité.

Selon la légende locale, un père et ses deux fils vivaient dans une ferme sur les falaises. Lorsque l'homme mourut, il laissa toutes ses terres à son aîné, le plus jeune se retrouvant sans un sou. Fou de jalousie, le jeune homme perdit le contrôle de lui-même et mit le feu au bâtiment, réduisant la propriété en cendres. L'ironie de l'histoire, c'est que son frère était mort la veille et que tout lui revenait. Bouleversé, il vécut le reste de sa vie rongé par la culpabilité et le remords. Peut-être est-ce son âme jalouse et torturée que l'on perçoit dans la crique ?

On parle aussi de circulation fantôme sur les petites routes étroites qui relient les jolis villages disséminés le long de la côte et dans l'arrière-pays. Un événement particulièrement mystérieux s'est produit sur la route entre Mcvagissey et Truro, terrorisant un automobiliste, Cliff Hocking.

Cela s'est passé un après-midi pluvieux de novembre, alors que Hocking se rendait en voiture à l'hôpital de Truro pour voir sa femme. La route tourne fortement. Dans un virage, il fut surpris de voir qu'il allait droit vers un vieil attelage, lequel fonçait sur lui à pleine vitesse. Son compte rendu est très précis et vivant. Il indique que le cocher portait un pardessus avec de larges revers et qu'à ses côtés se tenait un garde habillé d'un manteau rouge et d'un chapeau noir, qui soufflait dans un cor de poste.

Tandis que la voiture et les chevaux fonçaient vers lui dans un tonnerre de roues et de sabots, Hocking écrasa ses freins et se protégea la tête avec les bras dans l'espoir d'éviter la collision imminente. Mais le choc ne vint jamais et l'attelage se volatilisa.

La diligence a depuis été identifiée comme une voiture de poste, de celles qui étaient utilisées au 18e siècle. De tels attelages avaient été introduits en Cornouailles en 1796, dans le cadre d'un service de liaison à l'échelle nationale, par un individu appelé Walter Krauss. Ce dernier menait de front plusieurs activités dont celle de contrebandier. Était-ce lui qui tenait les rênes de l'attelage, fuyant la loi avec son butin illégal ? Nous ne le saurons peut-être jamais, mais nous pouvons être sûrs que le mystérieux pays de la Cornouailles, baigné dans les mythes et les légendes, continuera longtemps d'être hanté par les fantômes de ses anciens habitants.

Ancien attelage du même type que celui qui roulait dans un bruit de tonnerre sur les petites routes de Cornouailles.

LES POUVOIRS PARANORMAUX

Par leurs capacités et leurs talents hors du commun, certaines personnes se distinguent du reste de l'humanité. Parce qu'elles brisent les règles physiques qui nous entravent, comme la loi de la gravité, ou qu'elles oscillent entre le monde des vivants et celui des morts. Plusieurs termes désignent ce genre d'individus : médium, voyant, télékinésiste, guérisseur. Leurs facultés ont laissé de nombreux exemples à travers les civilisations et l'histoire.

EILEEN GARRETT

Eileen Garrett a été l'un des médiums les plus respectés du 20e siècle. Elle possédait de remarquables facultés de voyance. Lors d'une séance, elle stupéfia les personnes présentes et fit les gros titres en raison de la précision de ses révélations. Sa renommée vient aussi de l'aide qu'elle a apportée à la communauté scientifique dans ses recherches sur les pouvoirs paranormaux.

Née en 1893 à Beauparc, dans le comté de Meath, en Irlande, Garrett a vécu une enfance troublée comme souvent pour ceux qui possèdent des dons psychiques. Peu après sa naissance, ses deux parents se suicidèrent. Elle fut adoptée et élevée par sa tante et son oncle. Ses dons apparurent très tôt. Elle était non seulement capable de percevoir l'aura de lumière et d'énergie dégagée par les êtres vivants, mais elle avait aussi un grand nombre d'amis imaginaires qui, pour elle, étaient bien physiquement présents.

Pendant son enfance, elle recevait aussi la visite des morts. La première fut celle d'une tante, qui habitait à quelque distance de là. Elle marchait sur l'allée menant à la maison avec un bébé dans les bras. Cette tante lui dit qu'elle devait partir et qu'elle prenait l'enfant avec elle. Le jour suivant, on annonça que cette tante était morte en couches ainsi que le bébé. Cette faculté de communiquer avec les morts ne se démentit jamais tout au long de la vie d'Eileen, voire augmenta.

Ayant attrapé la tuberculose, dont elle souffrit jusqu'à la fin de ses jours, Garrett déménagea pour le climat plus doux de l'Angleterre à l'âge de 15 ans. Peu de temps après, elle épousa son premier mari, Clive, avec lequel elle eut quatre enfants. Tragiquement, ses trois fils allaient tous mourir très jeunes, dont deux d'une méningite. Sa fille survécut mais pas le mariage, qui s'acheva par un divorce.

Pendant la Première Guerre mondiale, Garrett rencontra un jeune officier à l'hôpital où elle travaillait et l'épousa. Alors qu'il l'avait quittée pour rejoindre le front, elle eut une vision de lui. Deux jours après, on l'informa qu'il avait été tué à Ypres en pleine action.

Étonnamment, jusqu'alors, Garrett ne s'était pas interrogée sur ses remarquables talents. Toutefois, une nouvelle période de maladie lui laissa le temps de réfléchir à ses capacités inhabituelles et elle assista à des séances de spiritisme.

Pendant l'une d'entre elles, elle se sentit somnolente, comme si elle partait dans le sommeil. Quand elle se réveilla, elle découvrit qu'elle était en fait tombée en transe et que son corps avait été utilisé par les morts comme moyen de communication avec les personnes présentes dans la pièce. Peu après cet épisode, l'esprit d'Uvali, un soldat arabe du 14e siècle, prit contact avec elle pour la première fois. Il allait devenir son contact privilégié avec le monde des esprits pendant les séances qu'elle organiserait par la suite.

Sa réputation de spirite grandissant, elle fut contactée par un chercheur renommé en sciences psychiques, Harry Price. En octobre 1930, ce dernier s'arrangea pour que Garrett assiste à une séance spéciale au laboratoire national de recherche physique. On espérait qu'elle pourrait prendre contact avec l'esprit du célèbre écrivain, Sir Arthur Conan Doyle, mort récemment. En vue de l'expérience, Price invita son secrétaire et un journaliste, Ian D. Coster, afin qu'ils authentifient les événements et en donnent un compte rendu.

La déception fut immense pour tout le monde car Garrett ne put entrer en relation avec Conan Doyle, lui-même ancien spirite. Le désappointement devint cependant étonnement lorsque Eileen évoqua l'esprit du lieutenant H. Carmichael Irwin. Progressivement, les personnes présentes réalisèrent qu'il s'agissait d'un officier du R101, le plus grand avion britannique qui venait de s'écraser en France deux jours plus tôt, faisant 48 morts parmi les 54 passagers.

Les journaux relayèrent la nouvelle, qui parvint à un certain M. Charlton. Ce dernier avait participé à la construction de l'appareil. Intrigué, il demanda à lire le compte rendu de la séance dans son ensemble. Ce qu'il lut le stupéfia : Garrett, pendant sa transe, aurait donné plus de 40 informations hautement techniques et confidentielles. L'homme affirma qu'il lui aurait été impossible de connaître ou de comprendre pareils détails.

Charlton fut si impressionné qu'il alerta ses supérieurs au ministère de l'Aviation civile. Une autre séance fut programmée avec Garrett. Cette fois, le major Villiers du ministère était présent tandis que des questions techniques très spécifiques étaient posées à Eileen afin d'obtenir plus de renseignements sur l'accident aérien. Elle transmit des réponses précises, qui permirent de déterminer la cause exacte du désastre ; elle donna même le nom de l'élément défectueux.

La commission d'enquête examina toutes les informations données par Garrett pendant la séance et conclut qu'elles étaient authentiques. Les experts déclarèrent qu'il ne lui aurait pas été possible de connaître avec une telle précision les circonstances du crash et que la seule explication était qu'elle avait en effet communiqué avec le monde des esprits. L'affaire a largement contribué à démontrer que de tels pouvoirs existaient bel et bien. Les spirites y ont vu une véritable reconnaissance de leur activité, eux qui sont plus souvent dénigrés que soutenus par les institutions.

Des fantassins français montrent un drapeau de la Royal Air Force devant les débris de l'avion R101.

À la différence de nombreux collègues, Garrett n'avait pas recours pendant ses séances à des gestes ou des manifestations théâtrales. Plutôt que de jouer avec les tables qui tournent ou avec la matérialisation par exemple, elle préférait simplement donner l'opportunité de parler avec les défunts. C'est peut-être cette simplicité qui amena les institutions à la soutenir plutôt qu'à la condamner. Plusieurs scientifiques risquèrent leur réputation en le faisant.

Suite cette reconnaissance, Garrett accepta en 1932-1933 de participer à une expérience psycho-analytique de grande envergure au département de psychiatrie John-Hopkins de l'université de New York, aux États-Unis. Elle révéla ainsi son ouverture d'esprit à l'égard du besoin si humain de comprendre et d'expliquer le paranormal. Elle avait elle-même un désir personnel de mieux comprendre ses propres capacités. Elle donna beaucoup de conférences, créa la fondation de parapsychologie en 1951, elle confia aussi ses réflexions et ses trouvailles à diverses publications dont le *Journal international de parapsychologie* en 1959.

Au moment de sa mort en 1970, Eileen Garrett était tenue en très grande estime, non seulement pour son talent de médium mais aussi pour ses qualités personnelles. Si elle était encore parmi nous aujourd'hui, elle continuerait sans nul doute à s'étonner, comme le reste du monde, de l'acuité de ses pouvoirs psychiques qui restent encore bien mystérieux en dépit de toutes les études menées.

HELEN DUNCAN

Helen Duncan fut la dernière femme à être accusée de sorcellerie au Royaume-Uni. Elle fut condamnée et emprisonnée, malgré toutes les preuves étonnantes qu'elle avait pu produire quant à ses véritables capacités de médium. La plus convaincante eut lieu pendant la Seconde Guerre mondiale, en 1944.

Au cours d'une séance, Duncan est entrée en contact avec l'esprit d'un marin de la Royal Navy qui était mort en service. Cet appelé, dont le chapeau portait l'inscription HMS Barham, dit à l'assemblée que son bateau avait coulé lors d'un combat avec l'ennemi. Les participants ne réalisèrent le scoop que plus tard. Le naufrage du HMS Barham ne fut en effet officiellement annoncé que quelques heures après la fin de la séance et il n'était même pas question, à l'origine, de combat naval.

Plus tard cette même année, Duncan attira l'attention de la justice. D'après ses collègues, les autorités s'inquiétaient du risque que ses extraordinaires facultés représentaient pour la sécurité militaire. À l'époque, le commandement allié planifiait le Débarquement et l'invasion de l'Europe. L'enjeu sécuritaire atteignait des niveaux jamais observés. La suspicion autour des activités de Duncan amena même la police à débarquer chez elle. Les forces de l'ordre interrompirent une séance et fouillèrent la

Les marins du HMS Barham avant qu'il ne coule durant la bataille.

pièce. Bien que rien n'ait été trouvé, elle fut néanmoins assignée en justice et accusée de fraude.

À la grande consternation du public et à la plus vive indignation de toute la communauté des voyants, Duncan fut poursuivie et emprisonnée selon la loi sur la sorcellerie datant de 1735. Que les autorités aient employé une loi à ce point draconienne et ancienne montre à quelle extrémité elles en étaient arrivées, ou du moins suggère des arrière-pensées. De fait, la condamnation de neuf mois infligée à Duncan l'a maintenue hors des projecteurs le temps du Débarquement. Plus tard, en 1951, la loi sur la sorcellerie fut abrogée et remplacée par une loi plus moderne, ciblée sur la voyance frauduleuse.

Une fois sortie de prison, Duncan reprit immédiatement ses activités de médium. Mais ses ennuis avec la police n'étaient pas terminés. En 1956, ils la soupçonnèrent à nouveau d'infraction. Cette fois, ils firent une descente lors d'une séance à Nottingham. Elle était alors en transe profonde et réagit si mal au choc de l'interruption qu'un docteur fut appelé pour la soigner. Elle mourut cinq semaines plus tard.

Aujourd'hui encore, la communauté des spirites n'accepte pas la façon dont Helen Duncan a été traitée ni sa mort prématurée et elle fait campagne pour laver son honneur et préserver son souvenir. Au regard de toutes les preuves démontrant les aptitudes si singulières de Duncan, il paraît vraiment difficile de nier leur authenticité.

EUSAPIA PALLADINO

Mis à part pendant la guerre froide qui suscita un grand intérêt scientifique pour les questions paranormales, aucun médium n'a fait l'objet de recherches aussi rigoureuses que la voyante italienne de renom Eusapia Palladino. Elle a été scrutée par plus de 50 scientifiques pendant plus de 20 ans, et la plupart des tests ont prouvé que ses facultés étaient bien réelles.

Née à Naples en 1854, Eusapia connut une enfance troublée. Sa mère mourut peu après sa naissance et, lorsqu'elle avait 12 ans, son père fut assassiné. Un an après, ses pouvoirs commencèrent à se manifester tout seuls. Lors de sa première séance de spiritisme, les meubles ont bougé vers elle et ont même lévité, un exemple de télékinésie qui allait être la trame de sa vie future.

La façon dont Palladino a pu atteindre ce degré de pouvoir est plutôt compliquée. L'histoire commence en 1872 à Londres, bien avant qu'elle y vienne en personne. L'épouse anglaise d'un scientifique italien, appelé Damiani, assistait à une séance de spiritisme. Un esprit en particulier déclara qu'il y avait une médium extrêmement talentueuse résidant à Naples, et qu'elle était la réincarnation de sa fille à lui. De retour en Italie, les Damiani entreprirent de trouver cette voyante. Leur enquête les mena finalement à Eusapia Palladino, déjà connue dans son cercle pour ses facultés psychiques hors du commun.

En dépit de ce message prophétique, il fallut un certain temps avant que les talents de Palladino soient connus du monde entier. Ce n'est qu'en

1892 que Cesare Lombroso, le célèbre criminologue italien, eut vent de ses surprenantes capacités. Il décida de mener une expérience. Après toute une série de tests approfondis, alors qu'ils étaient sceptiques au départ, Lombroso et ses collègues annoncèrent que Palladino était une véritable médium. Cette déclaration de l'un des scientifiques italiens les plus reconnus de l'époque amena en Italie une quantité de personnes averties désireuses d'assister elles-mêmes aux démonstrations de cette voyante. La gloire de Palladino était assurée.

Le récit de ses séances révèle qu'elle était capable d'une étonnante variété d'activités psychiques. En transe profonde, elle faisait bouger les meubles autour de la pièce, appelait des mains désincarnées, sorties de nulle part, lesquelles pouvaient toucher les participants ou transmettre des messages par écrit ou en frappant des coups. Des observateurs ont remarqué que la nature de ces phénomènes paraissait refléter l'état d'esprit dc Palladino et qu'ils devenaient plus brutaux si elle-même était perturbée pendant la session.

La plupart des observations scientifiques indiquaient que Palladino était une vraie voyante. Lorsque la Société de recherche en physique de Cambridge l'examina et déclara qu'elle trichait, cela déclencha un véritable tohu-bohu. La communauté scientifique était consternée surtout en songeant aux hommes éminents qui avaient soutenu Eusapia. Toutefois, un examen supplémentaire reconnut que ses capacités étaient bien authentiques.

Les sceptiques attendent de la science qu'elle détecte les faux médiums. Le fait que les autorités scientifiques de l'époque aient aussi majoritairement pris le parti de Palladino lui apporte toute la crédibilité nécessaire. Rappelons-nous aussi l'esprit qui, à Londres, parla le premier pour alerter le monde du pouvoir de la jeune femme et de ses extraordinaires dons de télékinésie. Tous les faits soulignent que Palladino était une authentique médium dont les mystérieux pouvoirs restent, jusqu'à aujourd'hui, une énigme insoluble.

MADAME BLAVATSKY

Le personnage de madame Helena Petrona Blavatsky est aussi controversé que remarquable. Ses écrits, ses prises de position et ses prédictions étonnent encore aujourd'hui et soulèvent toujours des débats houleux. Pour beaucoup de gens, elle était une voyante puissante, un messager culturel et même un prophète. Comme pour tous les personnages sujets à caution dans l'histoire, certains essaient de discréditer ses incroyables capacités et ses réalisations, mais devant les faits, il est particulièrement difficile de ne pas croire qu'elle était bel et bien médium. Durant sa vie, beaucoup fut écrit par elle ou sur elle. Elle amena une révolution dans la pensée spirituelle victorienne, révolution qui se fait encore sentir aujourd'hui.

Madame Blavatsky naquit en 1831 dans une famille aristocratique de Dniepropetrovsk, en Ukraine. Mais elle passa peu de temps là-bas, ayant consacré la plus grande partie de sa vie à voyager. Selon le personnel et les serviteurs de la maison, elle était une enfant peu commune. Déjà ils

Madame Blavatsky songeuse.

lui reconnaissaient des pouvoirs, dont parlaient les anciennes superstitions populaires. Elle était troublée, étrange, parfois somnambule, aussi épileptique et migraineuse. Autant de symptômes que connaissent bien ceux qui ont des visions ou l'expérience des communications avec l'autre monde.

À l'âge de 18 ans, Blavatsky se maria avec un homme bien plus âgé qu'elle. Elle se fatigua vite de lui et se lança dans une vie d'aventures et de voyages, laissant sa famille et son pays derrière elle. Il existe de nombreuses versions sur sa vie, et surtout ses jeunes années, les moins documentées. On pense qu'elle aurait eu un enfant illégitime et de nombreux amants. Cependant, malgré son comportement extrêmement scandaleux pour l'époque, elle était très connue et respectée. Cette liberté d'action s'explique certainement par le fait qu'elle était profondément différente.

Ses 60 années de vie, Blavatsky les passa en grande partie à parcourir des distances incroyables sur tout le globe, pour assimiler avec soin la culture et la spiritualité des différentes civilisations de l'humanité. Elle voyagea dans des pays aussi différents que le Canada, le Mexique, l'Inde, les États-Unis, le Japon, l'Égypte, le Tibet et les Caraïbes, pour n'en citer que quelques-uns.

La plupart des compétences qu'elle acquit dans ce tour du monde éclairé allaient porter leurs fruits plus tard. Elle travailla un temps dans un cirque puis servit d'assistante à un médium pendant ses séances. Toutefois, ce fut le travail qu'elle accomplit au côté des spirites orientaux qui eut le plus d'influence sur sa vie, d'après elle.

Elle passa plusieurs années au Tibet et en Inde à étudier auprès des grands maîtres spirituels. Elle déclara que certains d'entre eux lui avaient accordé leur confiance et l'avaient prise comme apprentie. Ces grands mystiques ont reconnu ses talents uniques et lui ont accordé un accès sans précédent aux secrets les plus anciens, réservés seulement aux initiés. Elle expliquait par là sa fantastique capacité de prophétie et de communication avec le monde des esprits.

Si ses voyages en Extrême-Orient ont eu une importance cruciale dans sa vie, on leur doit aussi une grande somme de connaissances qui sont toujours d'actualité. Madame Blavatsky déclarait qu'elle avait reçu là-bas la plus grande leçon de sa vie. S'appuyant sur cet apprentissage spirituel, elle fut la première à sensibiliser le monde occidental à la sagesse et au savoir des religions orientales, c'est-à-dire aux idées de karma, de réincarnation et aux puissances insoupçonnées de l'esprit.

Lorsqu'elle revint en Occident, Blavatsky parla de la réincarnation, un concept totalement étranger à la pensée et à la spiritualité judéo-chrétiennes. Elle expliqua qu'elle croyait en ce voyage spirituel de l'âme à travers différents corps pour atteindre la perfection. Elle ne pensait pas que les humains se réincarnaient dans des animaux mais plutôt que leur âme évoluait progressivement, s'améliorant jusqu'à gagner des pouvoirs surhumains extraordinaires.

Elle maintenait qu'un petit nombre de ces surhommes vivaient au Tibet et en Inde et guidaient le destin du monde. Ne disait-on pas que ces êtres de lumière habitaient le mythique paradis tibétain de Shambala, parvenus à cet apogée après de nombreuses réincarnations ? Blavatsky disait qu'ils étaient les seuls détenteurs de « l'ancienne sagesse » cachée, héritée des plus grandes civilisations humaines du passé. Elle insistait sur le fait qu'ils préservaient ce savoir et l'utilisaient au bénéfice de l'humanité.

La nature de ses descriptions recoupe certains aspects de la philosophie tibétaine et hindouiste. Les moines tibétains comme les yogis indiens essaient d'atteindre un niveau supérieur de conscience à travers un entraînement ciblé et des exercices de méditation pour maîtriser leur esprit. Beaucoup d'entre eux peuvent réaliser des exploits surhumains grâce la puissance mystique qu'ils ont cultivée en eux-mêmes.

Blavatsky va cristalliser cette vision de la spiritualité orientale et la combiner avec son propre mysticisme en un courant appelé « la Société théosophique », qu'elle crée avec un certain nombre de ses disciples en 1875. Encore aujourd'hui, les enseignements de cette société ont toujours leurs partisans à travers le monde. Selon sa fondatrice, « le principal but de la société théosophique [est] de réconcilier toutes les religions du monde et les nations dans un système commun d'éthique, fondé sur les vérités éternelles ».

Son objectif était l'unité. Elle aurait été apparemment saisie d'une sorte de ferveur morale, adoptant la sagesse inhérente de cette ancienne et pacifique école de pensée. Elle réalisa que si elle désirait voir un changement à grande échelle, elle devait diffuser cette sagesse autant que possible. Il ne fait aucun doute que cette mission bénéficia grandement de la notoriété dont elle jouissait en tant que médium.

Au cours de ses séances, on dit qu'elle matérialisait des objets comme des tasses et des soucoupes. À d'autres occasions, des mots apparaissaient en provenance du monde des esprits. La nature de ses performances variait grandement, démontrant ainsi toute la variété de ses compétences et de ses pouvoirs. Blavatsky affirmait être capable de communiquer avec ses maîtres orientaux par une sorte de télépathie spirituelle. Elle évoqua pendant un temps un grand Indien qui se serait matérialisé devant elle dans Hyde Park et serait ensuite devenu son gourou et professeur personnel. Ce genre d'affirmation était typique de Blavatsky, qui aimait créer autour d'elle autant de mystères que possible pour servir sa cause.

Les sceptiques ont appelé cela duperie et mise en scène, d'autant qu'elle avait appris certains tours de magie auprès des artistes avec lesquels elle avait travaillé. Cependant, beaucoup d'autres éléments prouvent ses capacités et sont moins faciles à dénigrer. Par exemple, ses travaux sur l'histoire mondiale, qui diffèrent massivement des approches contemporaines, ou encore ses prédictions qui paraissent contenir quelques vérités. Bien que jugées incongrues à l'époque, beaucoup de ses assertions se sont avérées, donnant *a posteriori* une grande crédibilité à ses facultés.

Blavatsky expliquait à son public victorien qu'une grande partie de cette « sagesse ancienne » professée par ses maîtres orientaux provenait en fait de grandes civilisations disparues telles que l'Atlantide. Elle fait pour la première fois mention de la cité perdue dans son livre de 1877 intitulé *Isis dévoilée*, un véritable succès le jour même de sa parution. La décennie suivante, l'Atlantide était devenue le sujet à la mode de l'époque victorienne. Des auteurs et des penseurs tels qu'Ignatius Donnelly abordèrent le thème avec une intense curiosité intellectuelle. Même aujourd'hui, des scientifiques et des explorateurs recherchent des traces de cette mystérieuse civilisation perdue.

En 1888, Blavatsky entra encore plus dans le détail avec son nouveau livre *La Doctrine secrète*. Dans cet ouvrage, elle démontre une connaissance approfondie des fonds marins, donnant des détails qui allaient bien au-delà des découvertes scientifiques de l'époque. En particulier, elle affirme que l'arête alors récemment découverte dans l'Atlantique traverse l'Afrique jusque dans l'océan Indien. Depuis, cela s'est révélé exact, cette arête marquant en fait l'extrémité d'une plaque tectonique. À l'époque victorienne, personne ne connaissait les plaques tectoniques et n'avait les moyens de vérifier ses dires. Ce sont les technologies modernes qui ont confirmé l'étendue de son génie.

Bien que cette information paraisse sans lien avec ses enseignements théosophiques, elle coïncide cependant avec sa vision du monde. Tout ce qu'elle a appris en Inde et au Tibet est issu d'un savoir perdu qu'elle appelle « les grands secrets antiques », hérités de civilisations disparues comme l'Atlantide ou Lemuria et conservés depuis des millénaires. Seuls les initiés y ont accès. Elle assurait que le philosophe Platon lui-même faisait partie de ces « frères », raison pour laquelle il connaissait l'existence de l'Atlantide.

Blavatsky a aussi émis des prophéties étonnantes sur notre futur. Elle avait prédit qu'il y aurait « une destruction mondiale comme celle qui est arrivée à l'Atlantide il y a 11 000 ans. Toute l'Angleterre et une partie des côtes européennes seront recouvertes par la mer. À l'opposé, la région immergée des Açores, l'île de Poseidonis [l'Atlantide, NdT], émergera à nouveau des flots ».

Bien que les prédictions apocalyptiques abondent dans l'histoire, lorsqu'elles viennent d'une personnalité aussi convaincante que Mme Blavatsky, on ne peut les ignorer. En particulier lorsque des découvertes scientifiques en climatologie et météorologie tendent à montrer qu'elle avait peut-être raison. Le réchauffement climatique progresse en effet plus vite qu'à n'importe quelle autre période historique. L'une des conséquences pourrait être la disparition totale des glaces polaires, ce qui aurait alors un impact global car le niveau des océans s'élèverait de plusieurs mètres, entraînant l'inondation des terres les plus basses telles que l'Angleterre ou la Hollande. La prophétie pourrait bien se réaliser.

Celle concernant les Açores aussi. L'archipel se trouve sur une zone géologique particulièrement sensible, avec une grande activité tectonique et volcanique. Sans pouvoir dire que Blavatsky a totalement vu juste en parlant d'une terre qui jaillira des eaux, elle a quand même pointé l'un des endroits au monde où cela pourrait avoir lieu. Les sciences de l'époque ne permettant pas de déduire cela, il est fort possible qu'elle ait obtenu cette information d'une source paranormale.

Une fois encore, voilà un mystère fondé sur un savoir évolué mais inexplicable. Lorsque des civilisations, des tribus, ou encore des individus possèdent une connaissance qui est en avance sur leur temps, on peut se poser de sérieuses questions sur les origines de ce savoir. Encore plus s'ils affirment que ces informations proviennent d'une époque ayant précédé la leur. Comment cela serait-il possible sans la présence de civilisations antérieures avancées comme l'Atlantide ?

Il est impossible d'expliquer en détail la vie de Mme Blavatsky ou tous ses faits et gestes. Pourtant l'essentiel de son parcours est marqué du sceau de la vérité. Le travail de méditation et de recherche spirituelle qu'elle a réalisé au Tibet continue d'en étonner plus d'un en Occident, comme il a surpris ses contemporains au 19e siècle. Ses prédictions à caractère scientifique semblent trouver un écho dans ses prophéties les plus sombres, dont beaucoup se sont vérifiées après sa mort. Comment a-t-elle pu avoir connaissance de tels détails ? Faute de mieux, nous devons accepter qu'elle avait bel et bien connaissance de ces « secrets antiques » et qu'elle compte parmi les personnages les plus étonnants et mystérieux de l'histoire récente.

JEAN DIXON

Jean Dixon était voyante, une astrologue clairvoyante qui, durant toute sa vie, a fait un grand nombre de prédictions plus ou moins précises. L'une d'entre elles s'est révélée néanmoins tout à fait exacte : en 1956, elle avait déjà prédit l'assassinat du président Kennedy, plusieurs années avant qu'il ne se produise. Ce n'est qu'après cet événement que le monde commença vraiment à prêter attention à ses remarquables facultés psychiques.

Dixon est née en 1918. Bien avant sa célèbre prédiction, elle utilisait déjà ses pouvoirs prophétiques pour annoncer des événements mondiaux. Elle prédisait l'avenir à travers des rêves, dans lesquels des intermédiaires de l'autre monde lui communiquaient des informations. Cette méthode courante est partagée par de nombreux voyants, mais elle n'est pas toujours très fiable car l'interprétation de certaines visions peut prêter à confusion.

De fait, la prédiction de Dixon concernant l'assassinat de Kennedy était à l'origine très vague : elle n'avait pas vraiment désigné Kennedy comme étant la victime. Cependant, dans d'autres prédictions ultérieures, elle avait donné plus de détails : elle avait dit qu'un démocrate gagnerait les élections (Kennedy dirigeait ce parti), et que Kennedy serait assassiné ou alors mourrait pendant son mandat. Elle avait aussi indiqué un laps de temps qui s'est révélé correct.

Si cet événement a fait sa réputation, il n'est pas le seul qu'elle ait annoncé avec précision. Elle avait prévenu que l'Union soviétique lancerait le Spoutnik en 1957 ou que le projet Apollo serait un désastre, tuant plusieurs astronautes américains en 1967. Elle avait aussi présagé un incident maritime pour le printemps 1989 et la marée noire de l'Exxon Valdez a bien eu lieu à ce moment-là.

Mais d'autres prophéties se sont révélées moins exactes. Elle avait dit que les Soviétiques se poseraient sur la Lune avant les Américains. Bien sûr, c'est l'inverse qui s'est produit. Elle avait aussi entraperçu un avenir apocalyptique pour les années 1980, à cause d'une météorite censée frapper et dévaster la Terre.

Jean Dixon à Miami en 1976.

Néanmoins, certaines de ses prédictions ont été à deux doigts de se réaliser, comme l'annonce d'une Troisième Guerre mondiale pour l'année 1958. Si ce conflit n'a pas eu lieu, il n'en demeure pas moins que le monde a vécu alors sous la menace imminente d'une guerre nucléaire.

Dixon avait aussi prédit qu'une peste frapperait probablement les États-Unis à la fin des années 1970. Certains voient dans cette vision, au demeurant inexacte, une allusion au sida qui s'est abattu sur le monde occidental et qui fait des ravages dans la population.

Le président John F. Kennedy et son épouse, quelques minutes avant l'assassinat.

Devant l'inégalité de ses prédictions, beaucoup de gens se sont demandé s'il fallait accorder du crédit aux facultés psychiques de Jean Dixon. Ses défenseurs argueront que l'avenir n'est pas une ligne droite, qu'il peut évoluer et qu'il y a toujours plusieurs réalités possibles. Dixon annonçait seulement l'un des scénarios possibles. Cela explique alors comment ses prophéties ont pu être parfois si proches de la réalité comme par exemple dans le cas de la Troisième Guerre mondiale.

En raison de l'inexplicable nature de leurs pouvoirs, les personnalités comme Dixon donneront toujours matière à débat. Les convaincus verront des parcelles de vérité dans leurs prédictions alors que les sceptiques se focaliseront sur leurs imprécisions ou leur ambiguïté. Souvenons-nous cependant que si certaines prédictions du célèbre Nostradamus se sont révélées fausses, il est néanmoins toujours classé parmi les voyants les plus reconnus du monde.

Aussi longtemps que l'humanité existera, le désir de connaître l'avenir demeurera et il y aura toujours des personnes aux dons extraordinaires qui seront capables de le dévoiler au mépris des règles du temps et de l'espace.

NINA KULAGINA

Pendant la guerre froide, chaque camp a mené des recherches secrètes dans tous les domaines pouvant donner un avantage sur l'autre. Aucun thème n'était écarté, pas même les plus insolites. La CIA comme le KGB se sont ainsi intéressés aux pouvoirs psychiques tels que la télépathie, dans le but de les utiliser comme source de renseignements. Toute personne démontrant des aptitudes en ce domaine était mobilisée et employée dans le combat pour la victoire.

Nina Kulagina, femme au foyer pétersbourgeoise, était l'une d'elles. Les Soviétiques ont étudié ses facultés parapsychiques pendant plus de dix ans, notamment ses fascinants pouvoirs de télékinésie (capacité de bouger des objets par la seule force de l'esprit). Le fait que leurs recherches aient duré aussi longtemps semble indiquer que ses aptitudes étaient bien réelles.

Une séquence filmée montre Kulagina en train de concentrer son énergie dans ses doigts pour faire bouger la pointe d'un compas. Elle pouvait aussi déplacer des allumettes sur une table ou bien en abattre une pile d'un simple regard.

Mais c'est encore l'exemple suivant qui explique pourquoi les autorités lui ont porté un tel intérêt : dans cette expérience, on casse un œuf dans une solution saline et Kulagina sépare le blanc du jaune grâce à ses pouvoirs cinétiques.

On dit aussi qu'elle aurait arrêté le cœur d'une grenouille par la seule force de son esprit. Dans le cadre de la guerre froide, cela représentait une incroyable avancée dans l'étude des capacités humaines. Ses facultés ouvraient la voie à d'innombrables et effroyables possibilités. Elles donnaient un pouvoir terrifiant à des hommes déterminés, qui voulaient sortir victorieux de cette guerre généralisée.

Toutes ces démonstrations avaient un sérieux impact physique sur Kulagina, ce qui a vraisemblablement convaincu les Soviétiques de son potentiel.

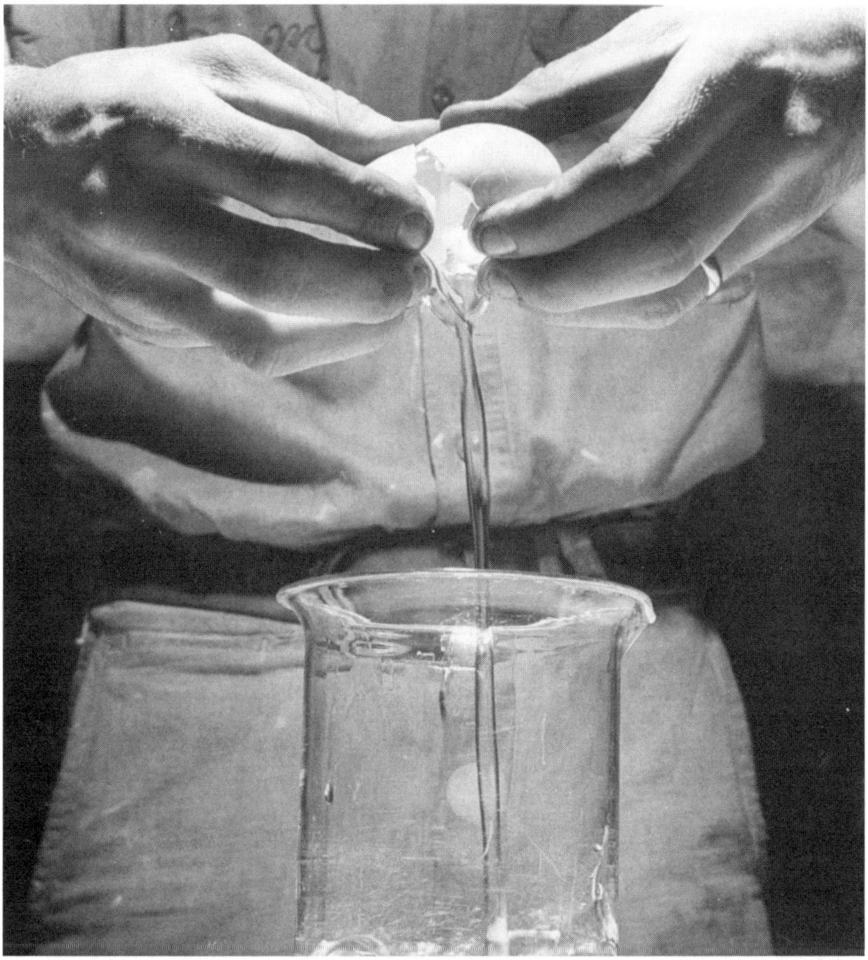

L'une des plus célèbres démonstrations de Kulagina : séparer le blanc d'œuf du jaune dans une solution saline grâce à son pouvoir cinétique.

Après ses prouesses, elle disait en effet ressentir une sensation de chaleur et d'énergie lui parcourir l'échine et irradier de ses mains. Son pouls pouvait atteindre 200 battements par minute, comme après un exercice physique intense. Elle aurait même perdu du poids durant l'une de ces expériences. Celles-ci affectaient aussi sa tension artérielle et, les jours qui suivaient, elle se plaignait d'extrême fatigue, de vertiges, de maux de tête et d'avoir la vision troublée. Elle mit fin à sa collaboration scientifique après une attaque cardiaque, sans nul doute provoquée par ses efforts répétés.

Les sceptiques ont dit que tout ce dossier a très bien pu n'être qu'une gigantesque conspiration des Soviétiques pour inquiéter le monde occidental. De fait, surtout durant la guerre froide, chaque camp essayait de tromper l'autre sur ses progrès scientifiques. Peut-être cette affaire n'est-elle juste qu'un exemple supplémentaire de cette propagande.

Il est impossible de savoir avec certitude quelles découvertes scientifiques secrètes ont été réalisées durant cette période, mais il existe des preuves très convaincantes suggérant que Nina Kulagina possédait vraiment de mystérieux et remarquables pouvoirs.

DANIEL DOUGLAS-HOME

De nombreux spirites considèrent Daniel Douglas-Home comme l'un des médiums les plus talentueux de tous les temps. Tout au long de sa carrière hors du commun, il a réalisé d'innombrables prouesses psychiques qui ont montré l'incroyable étendue de ses facultés. Alors que la plupart des voyants se spécialisent dans un type d'activité parapsychique, lui ne connaissait apparemment aucune limite.

Home vit le jour en 1833 à Édimbourg, en Écosse. Comme souvent chez les personnes dotées de pouvoirs psychiques, ses talents se sont révélés d'eux-mêmes pendant son enfance. Sa tante racontait que son berceau se balançait tout seul, sans assistance. Plus tard, il vécut plusieurs expériences psychiques dont une qui lui montra sa mère alors qu'elle se mourait dans une autre ville.

De tels pouvoirs ne l'ont pas protégé de la maladie. À neuf ans, il déménagea dans le Connecticut, aux États-Unis, pour vivre avec sa tante. C'est là que fut diagnostiquée sa tuberculose.

Du fait de sa maladie, il vécut une enfance particulièrement solitaire. Elle le conduisit à croire qu'il était entouré d'esprits. En fait, il affirmera tout au long de sa vie avoir l'appui de certains bienfaiteurs de l'autre monde, bienfaiteurs qui auraient été responsables de ses démonstrations paranormales.

La fascination du jeune Home pour le surnaturel ainsi que les manifestations étranges qui l'entouraient inquiétèrent sa tante très croyante, qui le crut possédé par le diable. Elle le chassa de chez elle alors qu'il était adolescent et de ce jour, il fut obligé de gagner sa vie par le seul moyen qu'il connaissait : en tant que voyant professionnel. Ses différents patrons lui offraient souvent un toit et le couvert en échange de séances de spiritisme ou de rituels pendant lesquels il déployait ses fascinantes facultés.

Son répertoire était impressionnant : en plus de communiquer avec les défunts, il pouvait faire apparaître de nulle part toute une palette de lumière spectrale et de musique. Il pouvait aussi rétrécir ou allonger son corps, un exploit rapporté et vérifié par plusieurs témoins.

Mais c'est encore son pouvoir de télékinésie qui était le plus remarquable. À plusieurs reprises, il fit se déplacer tables et chaises. Une fois, une table lévita assez haut pour qu'il puisse passer en dessous sans se baisser. Il maintenait cependant que ces démonstrations n'étaient pas de la télékinésie car elles n'émanaient pas de lui mais de l'action des esprits avec lesquels il pouvait facilement converser.

À cette époque, Home disait publiquement que la plupart des voyants étaient des charlatans. Il prit donc des mesures pour démontrer que contrairement à eux, lui était un authentique médium. À l'opposé de ce que pratiquaient le plus souvent ses collègues, ses séances avaient lieu dans des pièces bien éclairées ou même en plein air. Lorsqu'il faisait bouger des meubles, il invitait les personnes présentes à tenir ses mains et ses pieds de manière à montrer qu'il ne touchait rien. Beaucoup de gens trouvèrent ses séances convaincantes, particulièrement celles au cours desquelles il invoquait des mains spectrales qui touchaient les participants ou écrivaient pour eux des messages personnels.

Malgré la démonstration de ses talents, la carrière de Home ne décolla pas avant 1852. Cette année-là, il organisa un événement qui le distingua des autres spirites : il se mit lui-même en lévitation pendant de longues minutes. D'après le compte rendu de F. L. Burr, un journaliste qui assista à la scène, Home lévita non moins de trois fois dont la dernière assez haut pour toucher le plafond. Une fois encore, le médium attribua cet exploit au pouvoir de ses compagnons ésotériques, qui avaient choisi de l'élever dans les airs de cette manière-là.

Sa réputation prit de l'ampleur et il partit pour une tournée en Europe qui le mena en Russie, où il se maria. Durant ce voyage, il se produisit devant les personnalités les plus importantes de l'époque, notamment l'empereur Napoléon III et l'impératrice Eugénie. Tous deux furent stupéfaits par ses facultés. Lors d'une séance, Home serait entré en contact avec le défunt Napoléon Bonaparte, qui aurait signé son nom sur un papier. Très impressionné, l'empereur authentifia lui-même l'écriture comme étant celle de son oncle.

Mais la plus célèbre et impressionnante séance eut lieu à Londres, dans la maison de Lord Adare, en 1866. À cette occasion, Home tomba en transe sans prévenir et commença à léviter. Flottant dans les airs, il sortit par une fenêtre ouverte et revint dans la pièce par une autre. Cette démonstration lui assura gloire et popularité, d'autant plus que les personnes présentes ce jour-là jouissaient d'une grande crédibilité et d'influence.

Home était extrêmement talentueux. Certaines personnes se sont cependant demandé si ses compétences de médium étaient réelles ou si elles relevaient plus de la supercherie. On a sous-entendu que son pouvoir de suggestion avait pu induire une sorte d'hallucination collective parmi son public.

Néanmoins, si l'on prend en compte le contenu des séances, le nombre de personnes convaincues de son talent et l'absence de contre-arguments, il ressort que Home possédait bel et bien un véritable talent psychique.

Il en était d'ailleurs tellement convaincu qu'il accepta de se soumettre à des recherches approfondies et rigoureuses. Sir William Crookes, un scientifique très connu de l'époque qui s'intéressait au spiritisme, étudia Home pendant plus de deux ans. Comme il attribuait les pouvoirs du médium

L'éminent scientifique, Sir William Crookes, qui soumit les capacités de Home à des tests.

à l'énergie magnétique, il l'enferma par exemple dans une cage spécialement conçue pour arrêter ces ondes-là mais Home parvint à jouer de l'accordéon à distance.

Finalement, Crookes dû admettre qu'il ne trouvait pas d'explication scientifique aux extraordinaires pouvoirs du spirite. Peu après, la tuberculose obligea Home à se retirer.

Voilà un individu qui a non seulement démontré ses pouvoirs devant des témoins mais les a aussi soumis à la science, sans qu'aucune explication rationnelle ne les explique. Sa version des faits demeure donc la plus plausible. Il incarne un don unique et la manifestation la plus étonnante des pouvoirs latents de la conscience humaine.

RASPOUTINE

L'histoire de Raspoutine est incroyable : seules les circonstances inexplicables de sa mort surpassent en singularité un parcours déjà original. En son temps, il fut guérisseur, autoproclamé « saint homme ». Il endossa aussi le rôle improbable d'homme d'État, bénéficiant d'une influence incroyable sur les dirigeants russes. Ses motivations restent encore mystérieuses mais l'explication la plus plausible concernant ses hauts faits résiderait dans ses pouvoirs paranormaux.

L'homme connu sous le nom de Raspoutine (« débauché » en russe) s'appelait en vérité Grigori Efimovitch Raspoutine. Né en 1865 dans une famille typique de paysans sibériens, jamais il n'aurait pu imaginer le chemin qu'il allait parcourir. Vers 18 ans, il eut une révélation religieuse et décida d'entrer au monastère de Verkhotourié où il resta pendant quelques mois. Malgré le célèbre sobriquet de « moine fou », Raspoutine ne fut jamais moine, sans doute parce qu'il était illettré et incapable de lire les Écritures par lui-même. Quelle qu'en soit la raison, aucun monastère n'aurait de toute façon pu retenir très longtemps un personnage aussi étonnant.

Pendant son séjour au monastère, Raspoutine se familiarisa avec la secte religieuse des Klystis, qui mêlait sa propre interprétation mystique à un certain degré d'hédonisme sexuel peu courant à l'église et qui lui avait d'ailleurs valu d'être bannie de Russie pour hérésie. En dépit de son mariage, Raspoutine se lança dans ce monde de fornication avec beaucoup d'enthousiasme, organisant même des orgies sous le toit marital. C'est à cette époque qu'il commença à prendre conscience de ses pouvoirs inhabituels. Il les attribua à ses complaisances sexuelles et c'est pourquoi il ne manquait jamais une occasion de s'y abandonner.

Il eut trois enfants de sa femme et sans doute bien plus des autres. Mais une famille n'était pas suffisante pour le retenir. Il partait tel un vagabond et parcourait de grandes distances, construisant progressivement sa réputation de guérisseur et de voyant. Il avait développé la capacité peu

Raspoutine en 1910.

commune de guérir les maladies sans même avoir besoin de faire un diagnostic, comme s'il détectait la nature du problème uniquement par le psychisme. Il est allé aussi loin que le mont Athos, en Grèce, et Jérusalem, où il fit la démonstration saluée de ses talents devant les dignitaires religieux. Il créa ainsi sa réputation de « staretz » (c'est-à-dire de saint homme autoproclamé et de guérisseur de la foi). Raspoutine n'était pas le premier illettré à sortir des chemins formels de la religion pour suivre sa propre voie, mais il se distingua par son incroyable succès, qui résultait sans doute de sa forte personnalité et des résultats incroyables qu'il obtenait. Des gens dans le besoin venaient de très loin pour le rencontrer, le récompensant de ses services par des cadeaux ou de l'argent.

Après tous ces voyages, Raspoutine retourna dans son village. Sa réputation s'étendait désormais à toute la région. Dans cet environnement familier, il eut la vision qui allait changer non seulement le cours de sa propre vie mais aussi avoir une influence énorme sur l'histoire du monde entier. Alors qu'il travaillait dans les champs, la Vierge lui apparut et lui dit qu'il était de son devoir d'aider à sauver la vie du tsarévitch Alexis.

Le jeune prince souffrait en effet d'hémophilie. Cette maladie, qui empêche le sang de coaguler, peut transformer la moindre coupure ou meurtrissure en saignement mortel. Ce problème héréditaire, très commun chez les familles royales européennes en raison des mariages consanguins, n'avait pas de remède connu à l'époque. Le tsarévitch se trouvait donc en très grand danger.

Raspoutine voyagea jusqu'à Saint-Pétersbourg pour accomplir sa mission. Il lui fallut cependant un certain temps avant que son influence ne lui ouvre les bonnes portes. Il mit cet intervalle à profit pour attirer l'attention de la noblesse, dont certains membres le reconnaissaient comme un homme de Dieu et une personne dotée d'un pouvoir personnel aussi considérable qu'inexplicable. D'autres en revanche le méprisaient pour sa conduite obscène et tenaient ses allégations de sainteté pour scandaleuses. Dans un cas comme dans l'autre, le fait que ce paysan ignare vienne d'un milieu si éloigné de la noblesse le maintenait en marge de cette société. Il n'était pas perçu comme une menace.

Il vécut à Saint-Pétersbourg pendant deux ans avant de pouvoir rencontrer la famille impériale des Romanoff. À ce moment-là, il était déjà connu pour sa lubricité. Les femmes de la noblesse russe recherchaient sa présence et il eut de nombreuses liaisons scandaleuses. Malgré tout, sa réputation de puissant guérisseur et d'homme de Dieu parvint jusqu'au tsar et à la tsarine. En 1906, ils le convoquèrent, espérant qu'il serait capable de guérir leur fils. Ils allaient ainsi mettre Raspoutine dans la

Le tsar Nicolas II, la tsarine Alexandra et leur fils hémophile, le tsarévitch Alexis.

confidence. La maladie du prince était en effet gardée secrète car elle aurait pu remettre en question ses droits au trône si elle avait été rendue publique.

Le couple impérial n'a pas dû prendre cette décision à la légère, mais introduire Raspoutine dans sa vie allait se révéler profitable. Par des mé thodes impossibles à comprendre, ce dernier parvint en effet à arrêter les saignements du tsarévitch. Cet incroyable exploit le rendit indispensable à la famille et en fit l'un des hommes les plus puissants de Russie. Quittant le palais après avoir soulagé le jeune prince, il émit la prédiction suivante : la destinée des Romanoff était dorénavant irrévocablement liée à la sienne, une prophétie qui allait se révéler correcte.

La tsarine Alexandra devint de plus en plus proche de lui. Elle se sentait redevable pour le service qu'il accomplissait en soulageant son jeune fils. Elle était aussi convaincue que son pouvoir était un don de Dieu et qu'il avait été envoyé en réponse à ses prières. Cela coïncidait avec l'histoire de l'apparition racontée par Raspoutine. Du fait de ses connexions avec la famille régnante, il gagna une influence grandissante au sein de l'Église. Son pouvoir devint tel qu'il pouvait remplacer qui il voulait par ses propres partisans, sapant ainsi progressivement toute opposition.

Toutefois, il était loin de faire l'unanimité. Sa prédilection pour l'alcool et ses déviances sexuelles lui avaient valu le surnom de « Raspoutine » ainsi que de nombreux ennemis parmi le clergé et la noblesse, révoltés par son comportement. Ils étaient aussi très inquiets, tout comme le tsar, de l'influence grandissante qu'il exerçait sur la tsarine (des rumeurs les disaient amants).

Pourtant, celle-ci ne voulait rien entendre. Tout ce qu'elle voyait, c'était un paysan illettré qui avait réussi là où tout le monde avait échoué, docteurs de la cour, saints hommes comme guérisseurs. On ne sait pas grand-chose sur la façon exacte dont Raspoutine soulagea l'enfant mais l'hypnose a été souvent évoquée.

Le pouvoir personnel de Raspoutine en Russie allait connaître son apogée dans les années précédant la Première Guerre mondiale. À partir de 1911, il fut autorisé à nommer ses propres ministres au sein du gouvernement impérial. À cette époque, la famille régnante se détacha dangereusement du peuple russe. Elle était protégée du sentiment prérévolutionnaire qui couvait dans le pays par la noblesse, qui agissait comme un écran.

En 1915, le tsar Nicolas prit personnellement le commandement des forces armées russes qui combattaient alors contre les Allemands. La tsarine Alexandra se retrouva seule à la tête du pays et appela immédiatement Raspoutine pour être son conseiller personnel. Il dirigeait de fait la Russie, un tour de force remarquable pour un homme issu de la paysannerie sibérienne. Cela s'explique-t-il simplement par son magnétisme personnel ou parce qu'il possédait des pouvoirs psychiques qui lui ont permis de gagner le pouvoir ?

Les faits semblent suggérer que Raspoutine disposait en effet de pouvoirs dépassant de loin les capacités du commun. Ses dons de guérisseurs sont avérés et bien documentés. Il faisait aussi des prédictions remarquablement précises. Il avait annoncé son propre assassinat, bien qu'il ait été incapable de l'empêcher.

Des aristocrates mécontents, qui n'appréciaient guère son influence, voulurent le tuer pour redonner le pouvoir à la noblesse. Le prince Félix Youssoupoff les dirigeait. Il invita Raspoutine chez lui sous le prétexte de lui présenter sa femme Irène, réputée pour sa beauté. Raspoutine accepta l'invitation et alla jusqu'au palais du prince, où il fut chaleureusement reçu. Les conspirateurs avaient prévu de l'empoisonner avec du cyanure, versé dans du madère et dans plusieurs gâteaux. Ce poison fait partie des substances les plus mortelles connues et ses effets sont presque instantanés. Toutefois, ces hommes découvrirent bientôt toute l'étendue des pouvoirs de Raspoutine, plus grands que ce que l'on aurait pu imaginer.

Le prince Félix engagea la conversation et proposa des gâteaux. Le « saint homme » en mangea deux en les accompagnant d'une bonne dose de madère. Sous le regard étonné de son hôte, il absorbait comme si de rien n'était assez de poison pour tuer six hommes. Le prince se retira pour discuter avec ses compagnons, tout aussi déconcertés que lui par l'apparente résistance de Raspoutine au cyanure. Youssoupoff prit un pistolet et il fut convenu qu'il tirerait à bout portant dans la poitrine de son invité dès son retour dans la pièce.

Croyant Raspoutine mort, les conspirateurs se rassemblèrent autour de son corps pour observer leur œuvre. Sur ces entrefaites, on dit que le faux moine se réveilla et les attrapa d'une poigne de fer. Ils durent le cogner et le poignarder pour se libérer. Raspoutine les aurait même bousculés pour essayer de s'enfuir. Il reçut alors une autre charge de pistolet avant d'être attaché avec des cordes. Pour être sûrs qu'ils le tueraient bien, les assassins le tirèrent jusqu'à la Neva gelée et le jetèrent dans le fleuve.

La perte de Raspoutine bouleversa la tsarine, qui réalisait ce que cela signifiait pour son fils comme pour elle. Elle exigea des recherches. Quand on retrouva son corps, l'autopsie révéla une mort par noyade. Il avait réussi à se libérer de ses liens et aurait donc pu échapper au fleuve à quelques secondes près.

Ce type d'élasticité paraît au-delà de la compréhension humaine. Raspoutine avait été empoisonné, on lui avait tiré dessus, on l'avait battu, poignardé et noyé. Un seul de ces traitements aurait suffi à abattre un homme normal. N'est-ce pas la preuve irréfutable de ses mystérieux pouvoirs ?

Pour ajouter à l'énigme et produire une preuve supplémentaire des extraordinaires capacités de cet homme, il existe une lettre adressée à la tsarine dans laquelle il prédit sa propre mort. Cette lettre contient aussi une prophétie lugubre concernant les Romanoff.

Dans ce courrier rédigé le 7 décembre 1916, Raspoutine déclare qu'il ne vivra pas jusqu'au Nouvel An, une prédiction exacte puisqu'il a été assassiné dans la nuit du 16 au 17 décembre. Il indique aussi que s'il devait être tué par un homme du commun, alors la famille du tsar survivrait mais s'il était abattu par un noble, alors les membres de la famille impériale disparaîtraient tous dans les deux ans et que plus un noble ne vivrait en Russie pendant au moins les 25 prochaines années.

Quelques mois après sa mort, la révolution bolchevique renversa les Romanoff et toute la noblesse russe. Dans les deux ans, toute la famille impériale fut tuée, apportant la preuve absolue et sanglante que la prédiction avait vu juste. Les bolcheviques profanèrent la tombe de Raspoutine et brûlèrent son corps afin d'effacer toute trace de cet homme qui avait déchaîné tant de passions dans le pays.

Bien que son nom soit aujourd'hui célèbre surtout pour son association avec le couple impérial, on devrait rappeler qu'il a gagné cette position grâce aux nombreux résultats obtenus en tant que guérisseur. Il a passé plusieurs décennies à soigner les gens malades et à aider ceux qui désiraient en savoir plus sur leur avenir. L'origine de ses pouvoirs étonnants demeure obscure. Raspoutine lui-même affirmait que ses facultés étaient d'origine religieuse, mais sa conduite personnelle semble suggérer qu'elles étaient simplement innées. Peu importe l'explication, ce Russe haut en couleur est bien parti pour rester une énigme aux yeux du monde.

JOSÉ ARIGO

La renommée de José Arigo tient à ses inexplicables talents psychiques, qu'il utilisa efficacement pour soulager les malades et les blessés. Ses admirateurs ont même parlé de miracles. Il voulait utiliser ses pouvoirs de guérisseur pour le bien de l'humanité, malheureusement son emprisonnement coupa court à cette tentative. Les autorités décrétèrent en effet ses activités contraires à la loi.

Sa naissance dans une famille de paysans brésiliens, en 1918, ne le prédisposait *a priori* pas à la gloire internationale qu'il connut plus tard grâce à ses dons hors du commun.

La première fois qu'il prit conscience de ses capacités, ce fut en rendant visite à une parente mourante, qui souffrait d'une tumeur incurable. Toute la famille s'était rassemblée pour lui faire ses adieux. Alors que le prêtre prononçait les dernières paroles du sacrement, Arigo se sentit étrangement obligé d'agir, c'est du moins ce qu'il raconta. Il prit un couteau dans la cuisine, incisa la femme et retira la tumeur sur place. Incroyablement, la malade se remit rapidement. C'est ainsi que la communauté dans laquelle vivait Arigo prit conscience qu'elle avait la chance de compter dans ses rangs un remarquable guérisseur.

La pauvreté était telle dans le voisinage que médecine et docteurs restaient inabordables. C'est pourquoi la nouvelle de son aptitude à guérir se répandit rapidement. Un grand nombre de personnes vinrent alors le voir pour être soignées. D'abord réticent à mettre leur vie en danger en les opérant, Arigo se rendit vite compte qu'il était capable de reproduire le succès de la première fois.

Bien que de tels guérisseurs soient connus dans d'autres communautés, notamment aux Philippines, pareil talent a rarement été utilisé avec autant de résultats positifs, en tout cas sans avoir recours à des méthodes cachées. Beaucoup de ces guérisseurs affirment être capables de guérir parce qu'ils sont d'une façon ou d'une autre bénis, ils se voient comme les intermédiaires du Saint-Esprit. La position d'Arigo était à l'opposé. Il attribuait ses compétences au fait que, lors de ses interventions, il était possédé par l'esprit d'un médecin allemand décédé, le docteur Adolf Fritz.

Difficile de trouver une autre explication à ses incroyables compétences puisqu'il n'avait pas d'éducation et certainement aucune connaissance médicale. La seule autre option possible serait qu'Arigo ait inventé l'histoire du docteur Fritz dans le but de détourner l'attention de pouvoirs étonnants qui étaient en fait les siens. Quoi qu'il en soit, il attribua toujours le résultat de son travail à l'esprit de ce docteur.

Avant qu'il n'attire l'attention des autorités publiques, Arigo avait déjà opéré un grand nombre de personnes. Les institutions médicales s'inquiétant sérieusement des conditions sanitaires dans lesquelles il intervenait et de son manque total de qualification, il fut arrêté en 1936 pour pratique illégale de la médecine. Il dut payer une amende et fut condamné à huit mois de prison. Cependant, les autorités n'étaient pas préparées à l'énorme vague de soutien qu'Arigo reçut de l'opinion publique. La mobilisation fut telle que le président du Brésil intervint et l'amnistia.

Presque 30 ans plus tard, en 1964, Arigo fut moins chanceux et dut purger sa peine. Bien qu'il ait étonné le juge Filippe Immesi par une démonstration de ses pouvoirs, ce dernier fut obligé de conclure qu'il n'en avait pas moins enfreint la loi et le condamna en conséquence. Une fois en prison, Arigo continua à pratiquer, persuadé qu'à ce stade de sa vie il était de son devoir d'aider autant de gens que possible.

Quelque temps après, le juge Immesi lui rendit visite. Il assista à une séance tellement impressionnante qu'il écrivit ensuite un rapport sur ce qu'il avait vu. Arigo avait opéré avec une simple paire de ciseaux à ongles une cataracte sur l'œil d'une femme. Bien que la patiente ait été en pleine possession de ses moyens, elle ne montrait aucun signe de douleur. Aucun désinfectant ni antiseptique n'avait été utilisé. Arigo s'était contenté de passer les ciseaux sur sa chemise avant d'inciser. Après l'opération, il avait dit une petite prière puis avait déclaré que la femme était guérie.

Arigo est mort dans un accident de voiture en 1971. Tout au long de sa vie, il a guéri des milliers de personnes qui, sans lui, seraient sûrement mortes.

La science moderne est incapable d'expliquer comment il pouvait obtenir de tels résultats alors qu'il opérait avec ce qui lui tombait sous la main au moment de l'intervention.

Une possibilité serait qu'il employait l'effet placebo sur ses patients, de la même manière que les sorciers africains. Ces guérisseurs remarquables amènent les patients à penser qu'ils sont guéris et parce que ces derniers le croient très fort, ils en viennent à se rétablir complètement.

Toutefois, cette méthode n'explique pas le nombre incroyable de succès obtenus par Arigo au fil des décennies. La croyance en son pouvoir de guérison mettra beaucoup d'années à se dissiper.

VOYANTS ET ORACLES

Le désir de connaître le futur est profondément ancré dans la nature humaine. Les hommes ont toujours été fascinés par les prophéties et ont toujours voulu discerner ce que l'avenir leur réservait. Parfois, ils essaient d'atteindre leur but en consultant une personne qui possède le pouvoir unique de voir les événements à venir : un voyant ou un oracle. De nombreuses méthodes de divination existent, autant que de sociétés à travers le monde. Croire en la puissance du prophète n'est pas anodin. Les exemples choisis ici démontrent que derrière ce mystérieux phénomène se cache souvent un fond de vérité.

LE YI-JING

Le *Yi-Jing* ou « Livre des changements » est aussi important aujourd'hui qu'il y a 5 000 ou 8 000 ans lorsqu'il est apparu. Il contient les principes fondamentaux de la philosophie chinoise. Avec la Bible et le Coran, c'est l'un des ouvrages les plus étudiés dans le monde et aussi l'un des plus révérés pour les perspectives contenues dans ses pages.

Ce guide de divination et de conseils moraux est central dans les cultures chinoises et asiatiques en général. Son étude ainsi que celle des principes taoïstes qui sous-tendent sa philosophie se retrouvent en grande partie dans le feng shui, dans la médecine chinoise et dans la plupart des arts martiaux. Interpréter le *Yi-Jing* permet de prendre des décisions clés dans

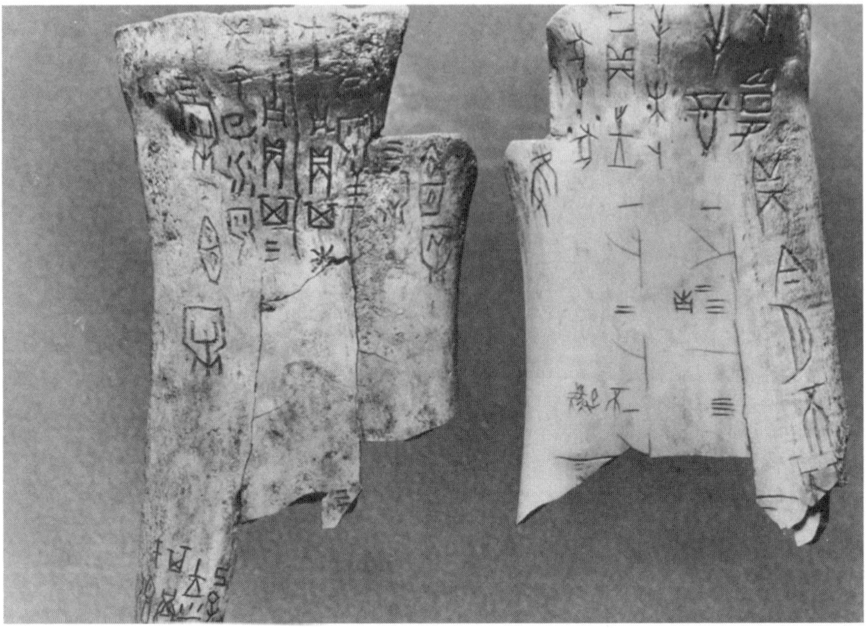
Os divinatoires datant de la dynastie chinoise des Chang.

le domaine de la guerre, de l'amour, des affaires et pour bien d'autres questions personnelles ou politiques.

Dans le taoïsme, le principe de l'inconnu, appelé Tao, est représenté par un symbole incorporant la polarité universelle et primaire : celle du yin et du yang. Ces deux forces universelles sont unies dans un perpétuel mouvement. Elles symbolisent l'idée que dualité et polarité sont en constant échange : rien n'est jamais totalement bon ou mauvais et chaque chose est en constante évolution.

Pour les taoïstes, la vertu provient de l'équilibre et de l'harmonie dans l'univers, une notion aussi présente dans les croyances bouddhistes. Le *Yi-Jing* s'appuie dans sa conception et son usage sur les principes du yin et du yang, le yin étant représenté par deux traits courts et le yang par un autre plus long et plus épais.

Les premières traces d'une pratique de la « divination de la sagesse » en Chine correspondent à des os jetés dans le feu, dont les fêlures étaient ensuite interprétées, ou bien à des annotations retrouvées sur une carapace de tortue. Ces marques consistent en des lignes parallèles entre lesquelles ont été disposés les traits symbolisant le yin et le yang. Sur la carapace, la disposition de ces traits forme huit trigrammes.

Ces derniers représentent les huit forces primaires de l'univers. Si on les multiplie par huit, on obtient toutes les interactions possibles entre elles. Ces 64 schémas, correspondant à tous les niveaux de la réalité, s'appellent kua. Le *Yi-Jing* consacre un chapitre à chacune de ces combinaisons. Il explique la signification des schémas et donne une interprétation concernant l'avenir.

Certains croient que la première personne à avoir identifié et compris ce « système de lignes symboliques » composé de huit trigrammes a été Fuxi, le premier et légendaire empereur de Chine. D'autres récits relatent qu'il aurait été le premier à remarquer ce système, non pas sur une carapace de tortue mais sur le flanc d'un cheval-dragon alors qu'il émergeait du fleuve Jaune. Ces marques prirent le nom de « carte du fleuve Jaune » et on les interpréta selon une disposition symétrique ancienne de huit trigrammes. Un autre empereur mythique, Yu, modifia ce système après avoir vu une composition similaire sur la carapace d'une tortue dans la rivière claire. Cette « carte de la rivière claire » fut interprétée d'après un système asymétrique plus tardif incorporant les quatre saisons et les cinq éléments. Il faisait référence à l'ordre des changements dans le monde temporel.

Il importe peu de savoir quel système est le bon car les deux histoires s'accordent sur une modification ultérieure sous la dynastie des Shang (1766-1121 avant J.-C.). Wen Wang, plus connu sous le nom de « roi Wen », était un puissant seigneur de la guerre, emprisonné et condamné à mort par l'empereur Shang, Zhou Xin. Tandis qu'il languissait en prison, il aurait étudié les trigrammes et les aurait combinés pour former des hexagrammes et les kua. C'est lui qui aurait nommé et organisé les 64 hexagrammes selon la combinaison actuelle. Il aurait aussi fourni la plupart des textes d'explication qui les accompagnent.

Après sa sortie de prison, le roi Wen montra ses trouvailles et les modifications qu'il avait faites à son fils, le duc de Zhou. Ce dernier, fondateur de la dynastie Zhou après la chute de Zhou Xin, intégra les travaux de son père au système existant. C'est pourquoi cette version du livre s'appelle généralement le Zhou-Yi, c'est-à-dire « les changements de Zhou ».

La dernière modification, qui donna son nom à l'actuelle version, eut lieu au 5e siècle avant J.-C. Confucius étudia le Zhou-Yi et y ajouta des commentaires philosophiques, recouvrant les principes taoïstes d'une couche de confucianisme.

Il existe essentiellement deux méthodes pour aborder le *Yi-Jing*. Chacune s'appuie sur l'élaboration aléatoire de choix binaires. La méthode

La manipulation des pailles révèle un modèle correspondant à une séquence d'hexagramme.

traditionnelle est un processus complexe impliquant la manipulation de cinquante pailles sèches de la famille des achillées. La disposition de ces pailles renvoie à certains hexagrammes.

La seconde méthode, plus simple et plus couramment utilisée, se pratique en lançant des pièces de monnaie. Lorsque les pièces retombent, les côtés pile ou face directement visibles correspondent au yin ou au yang, selon la valeur attribuée au préalable, l'on peut ainsi recomposer les hexagrammes.

Ces deux techniques prêtent à controverse car elles diffèrent grandement dans la distribution des compositions entre yin et yang, mais elles sont néanmoins respectées et largement utilisées comme méthodes de divination et de conduite.

Le *Yi-Jing* fut introduit pour la première fois en Occident en 1882, suite à la traduction anglaise de James Legge. Ce dernier n'approuvait pas l'utilisation de ce livre à des fins de prédiction si bien que son travail ne souleva pas un grand intérêt, jusqu'à ce que Jung focalise son attention sur l'ouvrage.

Le philosophe découvrit qu'en le consultant sur un grand nombre de sujets différents, on obtenait des réponses étonnamment précises, avec du sens. Il fit part de ses observations dans l'introduction d'une traduction allemande du *Yi-Jing*, réalisée en 1929. Cette version fut traduite en anglais sous le titre *Le Yi-Jing ou le Livre des changements* (1949) qui rencontra un grand succès. Cet ouvrage est encore utilisé et étudié par un grand nombre de gens.

Aujourd'hui, le *Yi-Jing* est toujours tenu en grande estime à travers le monde entier, surtout en raison de ses remarquables pouvoirs de prophétie et des conseils qu'il prodigue. Bien que son histoire primitive prête au débat, cela ne nuit pas à sa popularité et il semble bien que les adeptes de la vérité continueront à le consulter pour sa sagesse mystique pendant de nombreuses années encore.

ÉZÉCHIEL

La Bible abonde en récit sur les actions humaines : héros, guerres et trahisons y tiennent une grande place, mais on y trouve avant tout la parole de Dieu. Ses nombreux livres aux messages moraux et religieux la relaient en grande partie par la voix des prophètes de l'Ancien Testament dont Ézéchiel et Jérémie.

La Bible comprend plusieurs livres essentiels de prophètes. Chacun contient une série d'« oracles contre les nations étrangères ». Ces passages, très stylisés et poétiques, correspondent à des avertissements émis par Dieu sur le devenir de ces nations qui ont commis des crimes contre l'humanité et qui ont péché contre Lui. L'un des plus célèbres se trouve dans le livre d'Ézéchiel. Il sort de l'ordinaire car il est daté et peut donc être replacé dans le contexte historique de son énonciation et de son accomplissement. L'oracle contre la cité insulaire de Tyr (Ézéchiel, 26) date de –586. Il résulte des troubles qui agitaient Israël à la fin du 7e siècle et au début du 6e siècle. À l'époque, Babylone, alors sous l'autorité de Nabuchodonosor, consolidait et étendait son empire vers la Méditerranée dans l'idée de prendre le contrôle de l'Égypte.

Israël s'était affaibli suite aux réformes avortées de Josias en –626. Ces tentatives manquées ont porté au pouvoir des dirigeants incroyants et désorganisés, qui ont sapé l'engagement liant la nation à Dieu et l'ont rendue sourde aux terribles avertissements de prophètes tels qu'Ézéchiel et Jérémie.

Israël se trouvait entre Babylone, à l'est, et l'Égypte, à l'ouest. L'invasion était inévitable. Elle s'accomplit en –606, lorsque le pays devint un État vassal de Babylone.

Cela provoqua mécontentement et nationalisme, qui aboutirent à une grande révolte. Les forces babyloniennes la matèrent rapidement et la plupart des familles dirigeantes israéliennes ou des hommes influents, dont Ézéchiel, furent exilés en –598. Quelques années après, juste avant la destruction de Jérusalem par les Babyloniens, Ézéchiel énonça sa prédiction contre Tyr.

Cette ville côtière de l'actuel Liban était un port phénicien. Elle faisait l'interface entre les routes maritimes de Méditerranée et les caravanes en provenance d'Arabie, de Babylone, de Perse et d'Inde. Ézéchiel annonça que, malgré sa position défensive exceptionnelle, Tyr et ses villages-satellites de l'arrière-pays seraient totalement détruits. Il dit : « Car ainsi parle le Seigneur, l'Éternel : Voici, j'amène du septentrion contre Tyr Nabuchodonosor, roi de Babylone, le roi des rois, avec des chevaux, des chars, des cavaliers, et une grande multitude de peuples… Il tuera par l'épée tes filles sur ton territoire ».

Ézéchiel en pleine prophétie après sa déportation par les Babyloniens.

Cela s'accomplit en partie. Les documents historiques, dont les écrits de l'historien juif Flavius Josèphe, racontent que Nabuchodonosor détruisit en effet le réseau terrestre de Tyr et assiégea l'île pendant 13 ans. Si le siège fut levé sans être parvenu à son but, Tyr devint quand même vassal de Babylone suite à un accord négocié entre les deux parties.

Ézéchiel et Jérémie voyaient dans la chute de Jérusalem et l'influence sapée de Tyr un châtiment divin. À leurs yeux, la foi d'Israël avait vacillé et failli dans son service à Dieu. La nation méritait donc le châtiment des mains de Nabuchodonosor. Dans le même temps, les Babyloniens avaient été récompensés de leur action punitive en concrétisant, selon toute vraisemblance, leur invasion de l'Égypte.

Même si une bonne partie des données fournies par Ézéchiel n'est pas passée exactement comme il l'avait prédit, son message reste très clair, reléguant les précisions au second plan. Le fait que Tyr ait fini par être démoli en –332 par Alexandre le Grand donne un écho persistant à la prophétie et apporte la preuve de la puissance étonnante de cet art.

LES ORACLES DE BALAAM

L'un des prophètes les plus controversés de l'Ancien Testament est Balaam, un barbare dont le nom signifie « dévoreur du peuple ». Bien que souvent insulté et associé à l'épithète *rasha*, « le Méchant », dans la littérature rabbinique, ce personnage mythique a provoqué parmi les païens un degré d'exaltation presque équivalent à celui ressenti par le peuple élu pour Moïse.

Certaines sources disent que Balaam compte parmi les sept prophètes païens, dont faisait partie son père Job. D'autres déclarent qu'il descendait de Béor et qu'il vivait à Péthor en Mésopotamie. Il est souvent décrit comme borgne et boiteux. On reconnaissait ses partisans à leurs trois qualités moralement corrompues : le mauvais œil, l'avidité et un air hautain.

Balaam débuta en interprétant les rêves avant de devenir magicien et enfin prophète. Ce don de prophétie lui permettait d'établir le moment exact où la colère de Dieu s'abattrait. Ses pouvoirs pouvaient se révéler extrêmement précieux pour tout le monde. La fiabilité de ses prophéties était telle que des gens de partout proclamaient : « Celui qu'il bénit est béni, celui qu'il maudit est maudit ».

Désireux de s'assurer les services de Balaam, Balak, fidèle de Baal et roi de Moab, un État païen engagé à l'époque dans une lutte sanglante contre les Israélites, envoya des messagers quérir l'infâme devin. Balak, dont le nom signifie « le dévastateur », avait pris le contrôle de Moab après la destruction des Amorrites à l'époque de Moïse.

Ayant consulté Dieu qui lui avait interdit de repartir avec les émissaires de Balak, Balaam refusa de rejoindre le roi. Ce dernier, plus que jamais

Illustration d'un prophète contemporain de Balaam et de ses prédictions.

désireux d'avoir son aide pour vaincre les Israélites, essaya de le persuader en lui envoyant d'autres émissaires avec d'extravagantes promesses de richesses et de pouvoir.

Balaam fut tenté par cette offre alléchante et consulta à nouveau Dieu. Cette fois, permission lui fut accordée d'aller avec les messagers, à condition qu'il promette de faire uniquement ce que Dieu lui commanderait. Il promit et partit pour Moab sur un âne.

D'après l'histoire, Dieu était contrarié par son avidité et se doutait qu'il n'obéirait pas à sa volonté. Un ange, invisible pour l'œil humain, fut envoyé sur sa route. Son âne, qui pouvait voir l'émissaire céleste, refusa d'avancer. Balaam se mit en rage contre l'animal et commença à l'injurier, en vain. L'âne reçut alors le don de parole et reprocha au prophète ses actions. Le devin lui répliqua qu'il le tuerait sur-le-champ s'il en avait les moyens.

À ce moment-là, l'ange se matérialisa. Balaam se prosterna, confessa ses péchés et proposa de retourner chez lui. L'ange lui dit qu'il pouvait continuer mais seulement s'il honorait la promesse faite à Dieu.

Balaam accepta et reprit sa route vers Moab. Là-bas, en accord avec les instructions reçues du Seigneur, il ordonna à Balak de faire sacrifier sept taureaux et sept béliers sur sept autels positionnés à des endroits assez hauts pour apercevoir la terre d'Israël. Balak fit ainsi et de concert, les deux hommes se rendirent à Bamoth-Baal d'où l'on pouvait voir Israël. Là, obéissant à Dieu, Balaam livra la première des quatre prophéties en faveur d'Israël.

Balak, qui espérait entendre des malédictions plutôt que des bénédictions sur ses ennemis, fut très contrarié par ces paroles. Néanmoins, il poursuivit sa route en compagnie du devin. Le deuxième site avait été choisi pour son altitude, il s'agissait du mont Pisga d'où l'on distinguait le campement des Israélites. À la grande vexation du roi, Balaam parla encore en faveur des Juifs et en termes encore plus élogieux. Le devin compara leur volonté à celle du lion : « C'est un peuple qui se lève comme une lionne, et qui se dresse comme un lion, il ne se couche point jusqu'à ce qu'il ait dévoré la proie et qu'il ait bu le sang des blessés ».

À cet énoncé, Balak pria le prophète d'arrêter là. Mais celui-ci rétorqua qu'il devait tenir sa promesse. Alors les deux hommes cheminèrent vers le mont Peor, qui lui aussi avait vue sur le campement israélite. Balaam prononça le troisième oracle, qui promettait à Israël la fertilité de sa terre.

Fou de rage, Balak entreprit de congédier le prophète, mais il revint sur sa décision lorsque Balaam énonça la dernière et la plus prodigieuse de ses prédictions. Celle-là annonçait le soulèvement des Juifs et leur victoire sur les Moabites puis sur les royaumes voisins d'Édom et des Kéniens. Ébranlé par cette annonce, Balak autorisa le mage à retourner chez lui où il finit lapidé, brûlé, étranglé et décapité à l'âge de 33 ans pour ses mauvaises actions. Suite aux prophéties, Balak arrêta son combat contre les Israélites. Cela n'empêcha pas les oracles de s'accomplir plus tard puisque Moab tomba devant le roi David d'Israël.

La prédiction de Balaam était donc non seulement très précise mais assez forte pour influencer en profondeur l'un des potentats les plus importants de l'époque.

L'ORACLE DE DELPHES

Les oracles ont joué un rôle prééminent dans l'histoire, comme le prouve leur place dans la mythologie classique. Le plus connu et le plus respecté se trouvait à Delphes, en Grèce.

L'oracle de Delphes résidait sur le sanctuaire dédié à Apollon, le dieu grec des arts et de la divination. Il occupait un site en hauteur sur les flancs du mont Parnasse, reflet de sa position majeure dans la culture grecque et de l'estime qu'on lui portait.

D'après la légende, Apollon s'empara du Parnasse lorsqu'il était enfant, en tuant l'énorme dragon Python lors de la bataille entre les dieux et la terre. Il prit ensuite la forme d'un dauphin (*delphis* en grec, dont dérive le nom du site) et voyagea à travers les océans pour capturer des marins et en faire ses premiers grands prêtres.

Apollon livrait ses prophéties à Delphes par le biais de différentes prophétesses ou sibylles. Femmes d'âge mûr choisies pour leur vie irréprochable, les sibylles prirent le nom de Pythies d'après la victoire du jeune Apollon sur le serpent.

Pour énoncer leurs prédictions, elles entraient en transe et parlaient par énigmes. Ces dernières étaient ensuite traduites et interprétées par les grands prêtres qui les transmettaient aux suppliants.

En arrivant à Delphes, ceux-ci s'inscrivaient et payaient pour prendre rendez-vous. Ils se purifiaient ensuite dans la source Castalie, où un bassin existe toujours, avant de s'engager sur la voie sacrée menant au sanctuaire. Ils sacrifiaient en offrande un mouton ou une chèvre, dont les

Des suppliants attendant de consulter l'oracle de Delphes, reproduction d'un bas-relief en pierre.

prêtres examinaient les entrailles pour lire les présages. Lorsque les pèlerins atteignaient enfin la sibylle, on les autorisait, un par un, à l'interroger.

L'oracle de Delphes fut consulté pendant presque 2 000 ans, une période pendant laquelle un nombre incalculable de prophéties furent données sur des sujets aussi variés que les guerres, les affaires d'État ou les questions personnelles, naissances et morts. Presque toutes les couches de la société venaient à elle, ce qui indique l'importance qu'avait la divination dans la vie de tous les jours. La puissance et l'influence de la Pythie se remarquent aussi dans l'art et la littérature de l'époque. Elle figure non seulement dans l'*Énéide* de Virgile et l'*Odyssée* d'Homère mais aussi dans l'histoire d'Œdipe écrite par Sophocle. Selon le mythe, l'oracle de Delphes avait prédit au roi et à la reine de Thèbes que leur fils Œdipe tuerait son père pour épouser sa mère. Les événements lui ont donné raison, soulevant la question du destin et de la moralité. Des questions toujours pertinentes aujourd'hui.

LES SANGOMAS

Au plus profond de l'Afrique du Sud existe une tradition de guérison et de divination qui fait partie intégrante de la culture africaine. Elle est aussi respectée aujourd'hui qu'elle l'était il y a des milliers d'années. Il s'agit de l'extraordinaire pouvoir des Sangomas, ou prêtres sorciers, qui offrent une alternative à la médecine moderne. Leurs prédictions sont aussi remarquables de précision. On estime le nombre de ces devins à 200 000 aujourd'hui. Ils aideraient plus de 84 % de la population sud-africaine.

Leur rôle peut se diviser en deux catégories principales, même si elles ne sont pas figées. Le type le plus courant de Sangoma est celui qui communie avec les ancêtres. Choisi par eux, il entre généralement en transe et communique sur le futur. L'autre catégorie est celle des herboristes ou docteurs, qui emploient des méthodes traditionnelles pour guérir les malades. Ils n'ont pas été appelés par les ancêtres. Mais les frontières sont souvent floues, le sorcier choisi par les ancêtres pouvant aussi être herboriste puisqu'il reçoit le conseil des anciens sur le traitement et les cures.

Les apprentis (thwasas) commencent leur formation en subissant et en surmontant une « maladie initiatique » (ukuthwasa). Ce rite montre que les ancêtres, où esprits des défunts, les ont appelés à cette vocation. La relation entre l'apprenti et les ancêtres se forge pendant la convalescence. Il prend alors une nouvelle identité et assume un nouveau rôle dans la vie.

Ce lien ancestral est crucial pour les prescriptions et les interprétations que fera le Sangoma. Les ancêtres sont en effet les messagers d'une puissance supérieure ou « être suprême », ils agissent comme des intermédiaires entre la divinité et l'homme. Le sorcier, en retour, sert de canal aux oracles et suit les instructions des anciens, de la même façon que les sibylles des temps antiques agissaient avec les prophéties d'Apollon.

Ces prédictions remplissent un rôle politique et social majeur car elles offrent un terrain au débat pour des sujets qui, sinon, seraient tabous ou politiquement dangereux. Elles couvrent des thèmes allants de l'état des récoltes à la météo en passant par les problèmes personnels et les questions de santé. Les Sangomas affirment que la maladie peut avoir trois causes principales : les ancêtres, la sorcellerie et la « pollution » (par exemple, les menstruations ou une fausse couche). Une fois que la racine du mal a été cernée, le processus de guérison peut commencer.

L'état de transe est généralement essentiel à la délivrance de l'oracle. Le sorcier atteint cet état grâce à une palette de rituels : rythme de tambour, claquements de mains et danse, inhalation d'herbes médicinales (muti) en les prisant par exemple, ou encens (indumba). Le vêtement est aussi très important. Le Sangoma portera souvent une coiffe en plumes d'autruche élaborée et, sur le corps, des perles et des rubans cliquetants.

Au moment d'entrer en transe, le Sangoma se met souvent à trembler et sa respiration devient irrégulière, car les ancêtres l'habitent. Les rituels rythmiques provoquent l'hyperstimulation du corps et la respiration saccadée une hyperventilation, censées « ouvrir » le corps et l'esprit aux défunts. L'homme jette alors des « ossements » (coquillages, pièces de monnaie, dés ou brindilles) sur une peau d'impala. Il interprète ensuite leur position et leur alignement afin d'établir l'oracle ou le traitement correspondant au patient.

Un client potentiel étudie les marchandises d'un Sangoma, qui comprennent des herbes et des ossements.

Les prédictions de ces sorciers révérés font tellement partie du quotidien que leurs bénéficiaires ne prêtent même plus attention à leur côté magique. Ce n'est pas le cas de la culture occidentale qui continue à s'étonner et à s'émerveiller devant les incroyables médications des Sangomas et leurs oracles qui se réalisent.

LE VOYANT DE BRAHAM

Coinneach Odhar, le « voyant de Braham », est un personnage profondément ancré dans le folklore des Highlands écossaises. Ses prophéties étrangement précises et le procès qu'elles lui valurent assurèrent sa renommée dans la région, jusqu'à aujourd'hui.

On en sait peu sur cette figure énigmatique, car les traces écrites manquent. Les histoires dont il est le héros se sont surtout transmises oralement. Les seuls documents officiels pouvant le concerner sont ceux de deux Commissions de Justice ordonnant en 1577 la poursuite d'un certain Keanoch Owir pour sorcellerie. Cette date est cependant d'un siècle antérieur à l'époque décrite par la plupart des récits traditionnels. Il serait étonnant qu'il s'agisse du même individu.

Une légende locale associe le devin à Kenneth Mackenzie, un manœuvre né vers 1650 à Baile-na-Gille, sur l'île de Lewis. Il vivait à Loch Ussie, dans le Ross-shire, et il travaillait depuis environ 1675 sur le domaine de Braham, siège des Seaforth. Comme la dernière et la plus célèbre des prophéties du devin à se réaliser concernait cette famille, il est plus que probable que Mackenzie ait été le véritable voyant de Braham.

Bon nombre de ses prédictions étaient associées à la région dans laquelle il vivait. On peut encore voir aujourd'hui à quel point elles se sont concrétisées. Ainsi, environ 150 ans avant la construction du canal calédonien, Coinneach Odhar aurait dit : « Aussi étrange que cela puisse vous paraître aujourd'hui, le temps viendra, et il n'est pas si lointain, où des bateaux navigueront à pleines voiles d'est en ouest, à l'arrière de Tomnahurich, près d'Inverness ». À l'époque, la zone en question n'était que collines ondulantes. Devant pareille absurdité, celui qui était présent au moment de la prémonition coupa tout lien avec le devin.

Un autre exemple se dresse dans la paroisse de Petty, où une énorme pierre marquait la frontière entre les domaines des Culloden et des Moray. En 1799, ce rocher colossal se retrouva dans la mer, à quelque distance de là. Comment et pourquoi ? Cela demeure un mystère, mais avait été annoncé par le voyant, qui avait prédit : « Le jour viendra où le rocher de Petty, aussi énorme, haut et immuable qu'il paraisse aujourd'hui à la population, se retrouvera subitement dans la mer, aussi loin du rivage qu'il est en ce moment à l'intérieur des terres. Personne ne le verra bouger ou ne pourra expliquer ce soudain et merveilleux transbordement ».

Ce devin aurait également prédit de nombreux événements importants pour l'Écosse, comme le carnage de la fameuse bataille de Culloden. En se promenant dans les parages, il aurait déclaré : « Ce champ sinistre sera entaché du meilleur sang des Highlands avant que plusieurs générations n'aient trépassé ». Il avait aussi annoncé la chute du clan Mackenzie de Fairburn et celle de la tour du 16e siècle qui se dresse sur la crête séparant les vallées d'Orrin et de la rivière de Bonon.

À l'époque de la prophétie, le clan Mackenzie, dirigé par un chef riche et puissant, connaissait prospérité et stabilité. Mais voici ce que dit le voyant dans sa désormais célèbre prédiction : « Le jour viendra où les Mackenzie de Fairburn perdront toutes leurs terres, leur château sera vide et une vache mettra bas dans la chambre du haut ».

Aussi impensable que cela ait paru, la prophétie se réalisa à la lettre. Quelques générations plus tard, la famille perdit son pouvoir et sa richesse. La tour fut abandonnée, tomba en ruine et fut reprise par un fermier qui utilisa l'étage pour entreposer son foin. Un jour, une vache qui attendait de mettre bas suivit la trace du fourrage que l'on avait transporté depuis la grange et qui était tombé en chemin. Elle monta l'escalier en ruine jusqu'aux bottes de foin. Coincée là-haut, elle n'eut d'autre choix que de donner naissance à son veau sur place, comme l'avait prédit le voyant.

La précision de ses prophéties ne s'arrête pas là puisqu'il avait aussi annoncé la fin de la lignée mâle des Seaforth, suite à la mort prématurée des quatre garçons du clan. Il avait aussi déclaré que les biens des derniers lords reviendraient « à une dame coiffée de blanc, venue de l'Est, qui tuerait sa propre sœur ».

À la mort du dernier Lord de Seaforth, le domaine passa à sa fille la plus âgée encore en vie, Mary, qui avait épousé l'amiral Hood et vécu longtemps aux Indes orientales. À la mort de son mari, elle revint habiter la maison familiale, coiffée de blanc selon la tradition indienne du deuil. Plusieurs années après, elle perdit le contrôle de sa voiture à cheval et sa sœur mourut dans l'accident.

Coinneach Odhar ne vécut cependant pas pour voir se réaliser cette prédiction. La suspicion qui l'entourait avait augmenté au fil des années. Son pouvoir était de plus en plus associé à la sorcellerie et à la magie noire. Son destin fut scellé lorsqu'il dit à la comtesse Isabella Seaforth, femme du troisième comte du nom, que ce dernier avait une aventure avec une Française. L'épouse entra dans une telle colère qu'elle ordonna qu'il soit poursuivi pour sorcellerie. À la fin du procès, elle déclara qu'au vu des pouvoirs du sorcier, son âme n'entrerait pas au paradis. Entendant cela, l'intéressé fit une ultime prédiction : après sa mort, une colombe et un corbeau se retrouveraient sur ses cendres et prendraient feu instantanément. Si le corbeau s'enflammait en premier, la comtesse avait raison. En revanche, s'il s'agissait de la colombe, son âme irait au paradis et celle d'Isabella en enfer. Il fut condamné à être balancé dans un tonneau de goudron en feu. Selon la légende, les spectateurs furent surpris de voir deux oiseaux apparaître au-dessus des cendres, et encore plus lorsque la colombe se consuma.

Bien d'autres prophéties du voyant de Braham se sont révélées justes. Quelle que soit sa véritable identité, il semblerait qu'il possédait bel et bien de mystérieux pouvoirs de divination.

EDGAR CAYCE, LE « PROPHÈTE DORMANT »

Edgar Cayce compte parmi les voyants les plus connus de ces derniers siècles. Au cours de sa vie remarquable, il donna plus de 14 000 entrevues sur plus de 10 000 sujets allant des problèmes de santé ou d'amour au quotidien des civilisations anciennes ou aux catastrophes naturelles. Il fut le sujet de centaines de travaux scientifiques et fut consulté à travers le monde entier par les esprits intéressés, soucieux de démêler l'écheveau de ses incroyables pouvoirs.

Né en 1877 à Hopkinsville, petite ville agricole des États-Unis, Cayce donna des signes précoces de ses dons à l'école. Ses professeurs n'en revenaient en effet pas de le voir absorber de telles sommes de connaissances simplement en « dormant » sur ses livres.

À l'âge adulte, il devint photographe, mais une tragédie le frappa à 21 ans : il apprit qu'il souffrait d'une maladie rare qui provoquait la paralysie progressive de la gorge. Il allait perdre l'usage de la parole.

Le fait qu'il se soit miraculeusement remis de cette maladie dévastatrice fut la première d'une longue liste de guérisons qu'il opéra. Tombé dans le même sommeil hypnotique qui l'avait servi à l'école, il put en fait visualiser et déterminer le traitement adéquat pour lui-même. Au grand étonnement des médecins, perplexes, ses suggestions se révélèrent fructucuses et sa convalescence fut un succès. Ayant découvert ce don étonnant, Cayce réalisa rapidement qu'il pouvait l'utiliser au profit d'autrui. Sa réputation de grand guérisseur ne tarda pas à se répandre dans tous les États-Unis. Pour guérir les gens, il commençait par leur demander leur nom puis il sombrait dans ce sommeil proche de l'hypnose. Il cherchait alors à reprendre contact avec le patient pour avoir une longue conversation avec lui et percevoir les symptômes de la maladie. Il était guidé en cela par les questions de sa femme et assistante. La secrétaire prenait en note tout ce que Cayce disait afin de conserver ses réponses.

S'étant fait connaître de cette façon, il entreprit d'explorer d'autres facettes de ses pouvoirs prometteurs. En 1923, alors qu'il travaillait dans un studio photo de Selma, en Alabama, il rencontra un imprimeur, Arthur Lammers, qui allait changer le cours de sa vie. L'homme était un passionné de philosophie métaphysique, un sujet bien au-delà des connaissances de Cayce. Ayant entendu parler de ce dernier, Lammers voulait voir quel genre de réponses il fournirait à des questions métaphysiques. Il espérait ainsi clarifier les grandes zones d'incertitude propres à l'humanité telles que le mystère du sens de la vie.

Cayce accepta de se prêter à l'expérience. Par la suite, il fournit plus de 2 500 « lectures de vie ». Celles-ci faisaient référence à la vie passée du solliciteur, tandis que les « lectures physiques » relevaient du diagnostic médical et des cures. Cependant, ces lectures provoquaient chez lui un dilemme personnel et une crise de la foi. Élevé en protestant dévot, il lui était en effet difficile d'accepter des réponses intuitives et contraires au message chrétien pour des sujets tels que la réincarnation.

Toutefois, il réussit à concilier ces différences et continua son travail. Plus tard, il déclara que les fondements des grandes religions étaient étrangement semblables, puisque tous les peuples partageaient le même inconscient collectif. Cayce maintenait que c'était en piochant dans cet inconscient, ou « mémoire universelle de la nature », qu'il pouvait faire tellement de prédictions et de lectures. Il était néanmoins sceptique quant à sa faculté supposée d'accéder à la source infinie de sagesse collective appelée « Annales akashiques ». L'idée était, et est toujours, litigieuse. Aucune méthode scientifique ne pouvait en effet la démontrer. Seul l'accomplissement de ses prophéties le pourrait.

Cayce avait parfois des visions remarquablement précises sur les civilisations du passé telles que l'Égypte ancienne ou l'Atlantide. Il s'y intéressait beaucoup. Il avait déclaré que le Sphinx avait été construit 10 500 ans avant notre ère et qu'une « salle des archives » serait découverte à la fin des années 1990 sous l'Atlantide. Même si cette dernière prédiction ne s'est pas encore réalisée, d'autres l'ont été.

Celle concernant le climat tend à devenir réalité. Ainsi qu'il l'avait prédit, les catastrophes naturelles telles que les tempêtes, les tremblements

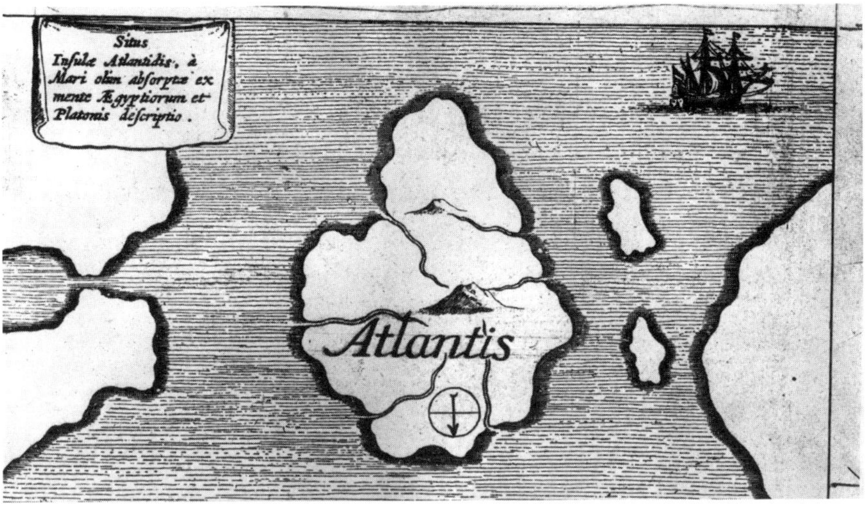

Illustration du 16ᵉ siècle montrant une carte de l'Atlantide.

de terre et les sécheresses se sont multipliées et ont gagné en intensité d'une façon notable. Un exemple : depuis les années 1960, chaque décennie subit une énorme tempête alors que ce genre de déchaînement ne se produisait auparavant qu'une fois tous les 500 ans environ. Il a aussi prévenu qu'un changement polaire imminent bouleverserait le pôle magnétique et aurait des effets dévastateurs sur la planète. Les scientifiques pensent aujourd'hui que ses pronostics pourraient se révéler exacts. Dans le même genre, la prédiction de Cayce concernant la destruction et l'inondation de certains territoires américains inquiète réellement les météorologues et les hommes de science.

Une étude récente a montré que l'un des flancs du volcan Cumbre Vieja, sur l'île de La Palma, aux Canaries, est instable et qu'il pourrait plonger dans la mer lors d'une prochaine éruption. Cela enverrait quelque 20 km^3 de roches, pesant 500 milliards de tonnes, à plus de 6 000 m de profondeur. Il en résulterait une lame de fond de 600 m, qui en moins de cinq minutes formerait un tsunami haut de 1 500 m. Des vagues de 160 km de long se disperseraient alors dans toutes les directions à la vitesse d'un avion à réaction. Nul doute qu'elles ravageraient la côte est des

États-Unis, les Caraïbes et le Brésil. Le tsunami du 26 décembre 2004, au large de l'Indonésie, rend ce scénario encore plus alarmant.

Le réchauffement climatique évident ainsi que la technologie moderne confirment les prédictions de Cayce sur le changement de pôle et ses effets planétaires dramatiques. Ce voyant des temps modernes possédait de remarquables talents. D'où lui venaient ses incroyables intuitions et pourquoi sont des questions à jamais en suspens.

LE NAUFRAGE ANNONCÉ DU TITANIC

Le naufrage du *Titanic* a été un tel drame qu'il demeure dans la mémoire de tous encore aujourd'hui. Si la plupart connaissent les causes principales de l'accident, un iceberg et le manque de canots de sauvetage, très peu savent que, quatorze ans auparavant, un livre donnait presque tous les détails de la tragédie.

Le Naufrage du Titan, par Morgan Robertson, est sorti en librairie en 1898, sans rencontrer de succès particulier. Il raconte l'histoire d'un paquebot insubmersible de 70 000 tonnes appelé le Titan. Ce navire heurte un iceberg lors de son voyage inaugural sur l'Atlantique. Il transportait de nombreux dignitaires et de riches potentats mais ne disposait que de la moitié des canots de sauvetage nécessaires à leur évacuation si bien que les deux tiers des 2 500 passagers périssent dans l'eau glacée pendant que le bateau coule.

Les similitudes avec l'histoire bien réelle du *Titanic* sautent aux yeux, tout comme les ressemblances étranges entre les deux bateaux : le tonnage, la nationalité des principaux actionnaires, l'heure de l'impact et le nombre de canots de sauvetage.

Il ne s'agit pas de la seule prédiction faite à propos du *Titanic*. Quelques années avant ce livre, une histoire comparable était parue dans la presse. Une note prophétique du rédacteur achevait l'article en prévenant : « Voilà exactement ce qui peut arriver et arrivera, si les paquebots prennent la mer avec un nombre insuffisant de canots ».

Illustration d'un article de 1912 montrant les canots de sauvetage du Titanic *mis à la mer après la collision avec l'iceberg.*

Triste ironie, cet homme allait périr à bord du *Titanic* vingt ans plus tard. Est-ce vraiment un cruel clin d'œil du destin ou l'œuvre d'une puissance qui nous dépasse ?

LE PROPHÈTE INCONNU

Au début de la Première Guerre mondiale, un homme fut remarqué pour ses extraordinaires pouvoirs de divination : il avait formulé une série de prédictions incroyablement précises sur les événements à venir pendant et après les deux guerres mondiales. On sait très peu de choses sur son compte si ce n'est qu'il était français et considéré comme un saint homme. Peu importe son identité, ses dons uniques ont déconcerté les experts pendant de nombreuses décennies.

En 1914, deux soldats allemands cantonnés en Alsace capturèrent un Français qui était tout seul. Pendant son interrogatoire en prison, l'homme énonça d'extraordinaires prophéties. L'un des soldats, Andreas Rill, en fut tellement surpris qu'il écrivit à sa famille le compte rendu détaillé de l'incident.

Ce prophète inconnu avait non seulement annoncé que la guerre durerait cinq ans mais aussi que l'Allemagne allait perdre, qu'il y aurait alors une révolution, suivie d'une période de grande prospérité pendant laquelle l'argent serait jeté par les fenêtres et resterait par terre. Il dit que pendant cette période, un antéchrist apparaîtrait et que 1932 marquerait le début d'une tyrannie de neuf ans, qui passerait de nouvelles lois et appauvrirait le peuple allemand. Des préparatifs pour une seconde guerre de trois ans débuteraient en 1939 et cette fois, l'Italie s'allierait à l'Allemagne au lieu de la combattre comme dans le conflit précédent. Malgré tout cela, l'Allemagne perdrait à nouveau. Le peuple allemand se soulèverait alors contre le tyran et ses partisans, « l'homme et son symbole disparaîtraient ». L'année qui comprendrait les chiffres quatre et cinq, l'Allemagne serait cernée et détruite par ses ennemis.

L'histoire a démontré la véracité de ces prédictions. La Première Guerre mondiale, dans laquelle l'Italie combattit l'Allemagne, dura bien cinq ans et fut perdue par Berlin. Après cette défaite, le pays connut une telle inflation que la monnaie n'avait plus de valeur à force de dévaluations.

Adolf Hitler commença son ascension dans les années 1920 et en 1932 débuta l'oppression du Parti national socialiste des travailleurs allemands (le parti nazi), avec Hitler à la barre, bien qu'il n'ait obtenu que 37 % des voix aux élections. Les nazis votèrent ensuite l'acte d'habilitation permettant à Hitler de passer n'importe quelle loi selon sa volonté. Ce vote marqua la mort de la démocratie et l'aube de la dictature.

Les préparatifs de ce qui allait être la Seconde Guerre mondiale commencèrent, comme prédit, en 1939 avec l'invasion de la Pologne. Le conflit dura jusqu'en 1945, lorsque les Allemands, encerclés, durent se rendre. Hitler se suicida et l'arrivée des Alliés marqua la fin du règne nazi.

Rill s'étonnait de voir ainsi l'Histoire concorder à ce point avec les déclarations du prophète. Avec le temps, les lettres envoyées à sa famille

Adolf Hitler s'adressant à la foule lors d'un rassemblement en 1941.

devinrent de plus en plus célèbres pour leur contenu, au point qu'elles lui valurent presque d'aller en camp de concentration pour la prédiction qui annonçait la chute imminente du dictateur.

On n'entendit plus parler de ces lettres de toute la Seconde Guerre mondiale. Elles émergèrent seulement en 1950, le temps d'une publication dans le journal missionnaire d'un certain père Frumentius Renner. La publication passa presque inaperçue et aucune mesure ne fut prise pour tenter d'authentifier ces lettres ou d'établir l'identité du prophète inconnu.

Ces courriers parvinrent ensuite à l'Institut de psychologie et de santé mentale de Fribourg. La précision de leur contenu provoqua une telle suspicion que l'institut pensa tout de suite à des faux. Des experts en criminologie soumirent les documents à toute une série de tests très poussés et conclurent à l'authenticité des lettres que Rill avait envoyées à sa famille en 1914.

On essaya alors de localiser le mystérieux voyant, une tâche ardue étant donné que Rill était mort entre-temps. Les professeurs Hans Bender et Elber Gruber essayèrent de retracer ses déplacements de l'époque afin de retrouver la localité dans laquelle le Français avait été arrêté. Ils interrogèrent plusieurs fois la famille de Rill, apprenant de son fils que le voyant aurait été une personne riche ayant fait don de ses biens afin de rejoindre un ordre religieux. Le fils de Rill se souvenait que son père avait essayé de retrouver ce prophète sans nom en 1918, alors qu'il était basé à Colmar. Non loin de là, au monastère de Sigolsheim, on lui dit que l'homme était mort.

Ces différentes entrevues ainsi que leur propre enquête de détectives amenèrent les deux professeurs à penser que le monastère aurait bel et bien été la dernière demeure du prophète.

Après avoir consulté les archives du monastère, ils établirent qu'il aurait pu s'agir du frère Laicus Tertiarius, décédé en 1917, peu avant la visite de Rill. L'homme semblait résider au monastère en tant qu'hôte plutôt que moine. Cela étaye l'hypothèse selon laquelle il aurait été riche, une condition qui lui fermait l'accès à la communauté.

Certaines de ses prédictions ne se sont pas réalisées, mais cela tient peut-être à des inexactitudes dans le compte rendu de Rill ou bien à des erreurs de langage liées à un Français s'exprimant en allemand.

Quoi qu'il en soit, le détail de ses prévisions est étonnant, d'autant que le prophète ne pouvait connaître des événements qui auraient lieu plusieurs décennies après sa mort. Comment ce voyant anonyme a-t-il pu produire de tels oracles ? Cela reste un mystère et ne peut tenir qu'à un incroyable pouvoir de double vue.

LES HOROSCOPES D'HITLER

Un nombre incalculable d'ouvrages ont raconté, analysé et discuté les événements de la Seconde Guerre mondiale, ceux qui les ont précédés et ceux qui les ont suivis. Toutefois, peu mentionnent l'influence significative de l'astrologie et de la divination sur le cours de l'Histoire. On sait aujourd'hui que Staline, comme Hitler, consultait souvent les voyants et les médiums même si, officiellement, tous deux avaient interdit le recours à leurs pouvoirs tellement mystérieux. Dans l'Allemagne nazie en particulier, les spirites étaient poursuivis et persécutés comme beaucoup d'autres minorités.

Avant la guerre, le devin et astrologue Karl Ernst Krafft était connu en Allemagne. Né à Bâle en 1900, il brillait en mathématiques, en particulier dans les statistiques, et il se passionnait aussi pour l'astrologie. Toutefois, ce fut son *Traité d'astrobiologie* qui lui fit gagner l'estime de ses confrères devins et médiums. Ce travail présente sa théorie sur les prédictions : la typocosmie. Elle soutenait que la destinée d'une personne peut s'établir d'après sa personnalité.

Au début du conflit, la position privilégiée de Krafft fut menacée. Le changement dramatique vint d'une prédiction incroyablement détaillée qu'il fit sur Hitler et qui le mit en contact avec les membres les plus influents de l'entourage du Führer. Krafft avait vu que la vie du dictateur serait menacée entre le 7 et le 10 novembre 1939. Il en était tellement sûr qu'il avait écrit une lettre le 2 novembre au docteur Heinrich Fesel, un proche d'Himmler, afin de l'informer de ce risque imminent. Ne voulant pas être associé d'une quelconque manière au devin, Fesel mit l'information de côté sans la transmettre à Himmler.

Le 8 novembre, une bombe explosa dans la taverne munichoise où vingt-sept minutes auparavant se trouvait Hitler. Lorsque la nouvelle fut connue, Fesel supposa immédiatement que Krafft était impliqué dans le complot et il transmit la lettre au bras droit d'Hitler, Rudolf Hess.

La Gestapo arrêta Krafft immédiatement mais aucune preuve de conspiration ne fut trouvée contre lui. À ce moment-là, la nouvelle de ses pouvoirs parvint au responsable de la propagande, Joseph Goebbels, qui s'intéressait avec fascination aux travaux de Nostradamus. Goebbels ordonna que Krafft s'attèle au déchiffrement des mystérieux quatrains du mage afin d'en extraire toute référence pouvant être de bon augure pour le IIIe Reich. Il s'en servirait comme outil de propagande.

Par la suite, en 1940, Krafft se vit demander l'horoscope d'Hitler. Le médium conseilla de remettre l'attaque de l'URSS à une date ultérieure. Sans l'avoir rencontré personnellement, Hitler suivit sa recommandation et attendit le mois de juin suivant pour lancer l'opération Barbarossa. Le succès de l'offensive dans les premiers jours sembla donner raison à Krafft, même si elle devait s'achever en désastre.

Krafft insista ensuite sur l'importance pour l'Allemagne d'assurer sa victoire au plus tard pour 1943, sinon la guerre serait perdue. L'Histoire allait prouver le bien-fondé de ce conseil, mais le résultat immédiat fut l'emprisonnement du voyant. Hitler n'avait pas apprécié et rendait même cette prédiction responsable de la défection de Hess en 1941. Après cet épisode, tous les médiums et astrologues furent emprisonnés.

Une fois relâché en 1942, Krafft dut faire l'horoscope des dirigeants alliés dans le but de collecter des informations vitales sur l'ennemi. Il établit entre autres que Montgomery serait plus coriace que Rommel, ce qui s'est révélé exact.

Sa dernière prémonition, une bombe détruisant le ministère de la Propagande à Berlin, aboutit à son procès pour trahison. Après plusieurs années d'incarcération, il attrapa le typhus et mourut en 1945.

La précision exceptionnelle de ses prédictions suffit à prouver ses pouvoirs d'oracle. De fait, les Alliés, impressionnés par ses facultés, essayèrent de trouver un voyant aussi doué capable de leur rendre le même genre de

Dégâts occasionnés dans la taverne munichoise après l'attentat à la bombe du 8 novembre 1939.

service que Krafft aux nazis. Leur échec illustre à quel point le talent de l'Allemand était rare et précieux.

GORDON SCALLION

Le nom de Gordon Scallion est l'un des plus connus dans la liste des voyants du 20e siècle, particulièrement aux États-Unis en raison de ses talents divinatoires. Ils lui ont permis d'écrire de nombreux livres et de devenir directeur de conscience. Ses passages à la télévision lui ont aussi assuré une certaine notoriété.

Comme beaucoup de voyants, il aurait reçu ses dons après avoir été frappé par la maladie. En 1979, il perdit en effet temporairement l'usage de la parole pendant une convalescence. Il eut alors connaissance d'événements à venir sur une sorte d'écran télé intérieur. Une mystérieuse « dame de lumière » lui serait apparue pour l'informer de son pouvoir imminent.

Maladie vaincue et parole retrouvée, les visions et les prémonitions continuèrent. De la même façon qu'Edgar Cayce avant lui, il était capable de prescrire des traitements à des infirmes et des handicapés, quelle que soit la distance le séparant du patient. Il donnait aussi des conférences et fonda l'institut Matrix, qui conserve la trace de ses visions.

Après quelques années à travailler en tant que guérisseur, Scallion remarqua que son talent évoluait : il pouvait dorénavant prévoir des changements concernant la planète.

Une vision très forte la lui montra en détresse. Une excroissance semblait s'être formée au cœur du globe, altérant sa masse et bouleversant totalement la croûte terrestre. La position et la taille des continents s'en trouvaient dramatiquement modifiées d'après lui.

Scallion rendit compte de ses prédictions dans un bulletin intitulé *La Terre change*, accompagné d'une carte du monde illustrant ces bouleversements. Il prévint que les modifications de la croûte terrestre se manifesteraient par de gigantesques tremblements de terre et l'éventuelle disparition sous les eaux de grandes portions de territoires. Il prévoyait aussi une modification du pôle magnétique et l'émergence de nouvelles terres.

De toutes ces prémonitions, aucune ne fut plus impressionnante que celle de l'ouragan Andrew en août 1992. Sa prédiction était incroyablement précise, surtout en ce qui concernait les dates, la vitesse des vents, l'itinéraire et l'étendue des dégâts.

Le bulletin évoquait aussi le tremblement de terre de Mexico en 1984, l'élection du président Bush en 1988, le krach boursier de 1987 et les tremblements de terre ainsi que l'activité volcanique enregistrés la même année en Californie et au Japon.

L'exactitude de Gordon a récemment reçu la sanction de la presse scientifique, qui a révélé ses inquiétudes quant à la possibilité d'un changement de polarité et d'un tsunami géant. Le 26 décembre 2004, le monde a d'ailleurs assisté au pouvoir destructeur des forces évoquées par le voyant. Ce tsunami indonésien, combiné à des épisodes climatiques violents de plus en plus fréquents associés à des tremblements de terre dévastateurs, semble apporter la preuve irréfutable que les prédictions de Scallion se concrétisent.

MYSTÉRIEUX MONUMENTS

La force et la puissance qui se dégagent de beaucoup de monuments anciens sont indéniables. Ils furent élevés afin d'immortaliser un ensemble de croyances et l'échelle de leur construction démontre l'effort et l'ardeur énormes qui ont présidé à leur réalisation. Certains sont de véritables énigmes, soulevant plus de questions qu'ils n'apportent de réponses et alimentant les controverses depuis des générations. Pourquoi furent-ils bâtis à cet endroit précis ? Pourquoi utilisa-t-on des matériaux de construction si rares ? Peut-être un jour répondrons-nous à toutes ces questions mais d'ici là, ces monuments restent les signes tangibles des mystères de l'Ancien Monde.

BAALBECK

À Baalbeck, au Liban, s'élèvent des temples millénaires, ayant survécu à de nombreuses civilisations et à autant de cultes religieux. À cause de leur grandeur et de leur incroyable beauté, ils ont été transformés mais jamais détruits. Leur ampleur a toujours intrigué et émerveillé. Aujourd'hui encore, les archéologues du monde entier n'arrivent pas à déterminer comment des structures aussi impressionnantes ont pu être construites il y a si longtemps.

Implantation phénicienne à l'origine, Baalbeck devint successivement cité grecque, romaine, byzantine et enfin arabe au hasard de multiples conquêtes. Les Grecs l'occupèrent en –331, la rebaptisant Heliopolis (la cité du soleil). Située au carrefour de routes commerciales majeures, elle prospéra et devint alors un important centre religieux.

Souvent, les constructions de cette époque qui ont survécu ont été édifiées en pierre avec l'intention évidente de durer. Baalbeck n'y fait pas exception. En fait, ses bâtiments comportent les blocs de pierre de taille les plus grands du monde. Certains sont si imposants et ont été extraits si loin que les experts ne s'expliquent pas comment ils ont été transportés jusqu'au site ni comment les temples ont été élevés.

La tradition phénicienne demandait que le podium du temple fût constitué d'au moins trois couches de pierre. Cela explique la taille incroyable de ces dernières. Lorsqu'il fallut agrandir le temple, les architectes de l'époque prirent conscience qu'ils allaient devoir travailler à une échelle encore jamais imaginée.

Sans être le moins du monde découragés par l'ampleur de la tâche, ils commandèrent la taille de ce qui s'avéra être de colossaux blocs provenant de roches dures. On peut encore apercevoir plusieurs d'entre eux sur la partie ouest du podium, dans une zone nommée le « trilithon » car ses trois blocs de pierre sont les plus grands. Ils mesurent 20 m de long, 3,60 m de large pour une hauteur de 4,50 m. Chacun pèserait environ 800 tonnes. Ces pierres sont quatre à cinq fois plus grandes que celles de Stonehenge et à peu près trois cents fois plus lourdes que les blocs utilisés en Égypte pour la construction des pyramides.

Le « bloc de la femme enceinte » est encore plus lourd que cela : avec ses 1 000 tonnes et sa taille, il mettrait au défi nos grues actuelles les plus puissantes. Quoi qu'il en soit, il se trouve toujours dans sa carrière, la construction ayant cessé avant qu'on ait eu besoin de l'utiliser.

Le fait que ces blocs de pierre aient été transportés depuis leur carrière sur plus d'un kilomètre, puis mis debout jusqu'à une hauteur pouvant atteindre sept mètres, reste énigmatique. Mais un autre mystère leur est encore attaché : la connaissance technique nécessaire à une construction de cette ampleur. L'agencement des pierres n'a exigé en effet aucun mortier et il est impossible de glisser le moindre petit objet entre elles.

L'échelle des constructions de Baalbeck a tellement excité l'imagination du commun des mortels que chacune des civilisations à avoir occupé le site par la suite a associé le trilithon avec un mythe populaire : œuvre de géants, de figures bibliques ou même d'extraterrestres.

Quelle que soit la raison de la construction de ce vaste monument, il est certain que Baalbeck continuera encore longtemps d'attirer de nombreux visiteurs.

Sans aucun doute, comme des milliers d'autres avant eux, ils s'émerveilleront devant la remarquable beauté de ce monument ancien, qui suggère tant quant aux possibilités de l'homme.

Vestiges du temple de Jupiter au premier plan et du temple de Bacchus, derrière.

NEWGRANGE

Les tombes mégalithiques de Newgrange, en Irlande, sont vieilles de plus de 5 000 ans. Elles sont antérieures aux pyramides d'Égypte et même à l'arrivée des Celtes en Irlande. Comme c'est souvent le cas avec des vestiges aussi anciens, il reste peu de choses visibles aujourd'hui qui puissent indiquer la raison originelle de leur édification. Cette nécropole de l'âge de pierre est aujourd'hui source de spéculation et d'intrigue pour le monde.

Située sur les bords de la rivière Boyne, à l'est de la ville de Slane, cette nécropole est connue dans la langue locale sous le nom de Brú na Bóinne. D'après les traditions païennes, le site fut la résidence d'Aengus, le puissant dieu de l'amour. Il est aussi associé à la descendance mythique de la déesse Danu, appelée Tuatha Dé Dânann. D'après une croyance locale, ces païens amoureux fous de la nature ont laissé une partie de leur esprit dans ce coin de campagne et Cúchulainn, héros et guerrier celte légendaire, y aurait même été conçu.

La tombe de Newgrange serait la sépulture des hauts-rois (ou roi des rois) de Tara. Les cendres funéraires de ces chefs auraient été contenues dans de larges urnes placées dans chacune des trois niches de la chambre funéraire. Bien que cette chambre ait été décrite comme cruciforme, elle date de 3 200 avant J.-C. En fait, sa disposition fait plutôt penser à un trèfle, forme très répandue dans la symbolique irlandaise ancienne.

L'édification de ces tombeaux demanda une dévotion remarquable. Leurs constructeurs utilisèrent en effet un matériau qui n'était pas à proximité immédiate : le quartz fut taillé et transporté depuis les montagnes de Wicklow, situées à une distance considérable de Newgrange. Ensuite, ils se lancèrent dans un projet titanesque – on estime qu'un tel monument mobilisa l'énergie de 300 hommes pendant plus d'une vingtaine d'années.

Trait commun à toutes les cultures anciennes, la vie de la communauté de Newgrange était sans doute réglée par le rythme naturel des cycles de la Terre, les solstices d'été et d'hiver y tenant une place toute particulière.

Sur le site, lors du solstice d'hiver, le soleil levant brille au travers d'une protubérance sur le toit et d'un passage en ligne droite pour arriver au cœur de la chambre funéraire, éclairant ainsi des sculptures complexes dont on pense qu'elles représentent le Soleil et la Lune.

De semblables effets peuvent être observés à Stonehenge, dans les pyramides mayas, aztèques et dans la pyramide du pharaon Khéops en Égypte où, curieusement, un rayon de lumière pénètre aussi dans la tombe lors du solstice. On ne sait si ce rayon était censé ou non permettre à l'âme du pharaon de rejoindre les cieux.

Ces cultures possédaient-elles une spiritualité commune ou bien y a-t-il simplement quelque chose d'inné dans la nature humaine qui pousse les hommes à voir une profondeur intense dans le mouvement infini des étoiles et dans le cycle terrestre ? Ces anciennes communautés agricoles possédaient une connaissance et une compréhension bien en avance sur leur temps. Il est impossible de ne pas s'émerveiller devant les compétences qui permirent à ces personnes de calculer précisément l'alignement des passages de ces tombes avec le rayon des étoiles ou du soleil.

YONAGUNI

La découverte faite au Japon en 1985 déconcerte encore aujourd'hui la communauté scientifique. Un tour-opérateur japonais de plongée sous-marine, Kihachiro Aratake, s'écarta un jour de son secteur habituel pour se rendre au large de l'île de Yonaguni, près d'Okinawa. À environ 30 m sous la surface, il aperçut une formation étrange qui, après un examen plus approfondi, s'avéra être une pyramide construite par la main de l'homme.

Depuis cette date, la découverte de Yonaguni soulève une immense controverse. Les experts n'arrivent pas à s'entendre sur son origine naturelle ou bien artificielle. Si l'on détermine un jour qu'elle est bien le fait des hommes, alors cela révolutionnera la manière dont l'histoire de notre espèce est aujourd'hui perçue.

Les scientifiques s'accordent tous pour dire que cette partie de la côte a été submergée par les océans il y a au moins 10 000 ans. Immédiatement après la fin de la dernière glaciation, notre planète a en effet subi une importante phase de dégel qui l'altéra significativement. Au fil des siècles, le niveau des eaux s'éleva d'une trentaine de mètres. Cela implique que les civilisations vivant sur ces territoires alors noyés par la montée des eaux auraient disparu, toute trace de leur existence ayant été dissimulée jusqu'à ce jour.

Les côtes ont permis pendant des milliers d'années aux civilisations de s'enrichir. La mer est à la fois une bonne source d'approvisionnement en nourriture et favorise des activités telles que le commerce ou le transport. À ce titre, Yonaguni représentait l'emplacement idéal pour le développement d'un peuple. Cela signifie que pareille civilisation aurait précédé de plusieurs millénaires toutes les cultures recensées jusqu'alors, la plus ancienne cité connue étant sumérienne (Mésopotamie) et vieille d'environ 5 000 ans. Doubler l'échelle de temps admise jusqu'ici représente un défi de taille. Il n'est cependant pas insurmontable, surtout si l'on dispose de véritables preuves comme ce serait peut-être le cas pour Yonaguni.

Ce qui rend les scientifiques encore plus perplexes est le fait qu'une architecture présentant des similitudes avec celle de Yonaguni semble exister sur la côte du Pérou, au-dessus du niveau de la mer.

Mais même les plus anciens de ces édifices, construits par la civilisation Moche, ne sont vieux que de 2 000 ans, laissant ainsi un vide de plusieurs millénaires.

Une autre controverse est apparue quant à l'apparence actuelle de la construction de Yonaguni. Les clichés sous-marins laissent apparaître la présence de rampes, de terrasses et de marches. Alors que des géologues américains soutiennent que ces dernières ne sont rien d'autre que des formations naturelles, des scientifiques japonais auraient observé des traces laissées par des outils le long de la structure, suggérant qu'elle aurait été altérée.

Une personne a pris le parti de considérer ces deux aspects, assurant que le site est à la fois naturel et issu de la main de l'homme : le docteur Robert M. Schoch. Ce géologue, qui plonge fréquemment sur le site, suggère en fait que dans sa grande majorité, la structure est certainement une formation naturelle, mais qu'elle aurait été choisie par l'homme pour être façonnée dans le cadre d'un procédé appelé écogenèse. La découverte de ce qui semble être un petit escalier sur le site constitue à ce titre une preuve de premier ordre de cette intervention humaine.

La découverte d'édifices sous-marins engendre toujours mystère et enthousiasme, le commun des mortels croyant notamment à la découverte de la cité perdue d'Atlantide. Dans le cas de Yonaguni, la localisation écarte définitivement cette hypothèse. Il y aurait beaucoup plus de similitudes avec les continents perdus de Mu ou de Lemuria, les deux étant censés avoir existé respectivement dans les océans Pacifique et Indien.

Bien que les connaissances scientifiques modernes en matière de tectonique des plaques aient largement discrédité toute possibilité d'existence de tels continents perdus, beaucoup continuent de croire à leur existence. On suppose que Lemuria et Mu ont été engloutis au cours d'immenses catastrophes naturelles. Il n'est pas impossible que d'anciens mythes contant la fin de civilisations entières aient résisté au temps et se soient développés jusqu'à rendre compte de la disparition de continents entiers. Dès lors, on peut parfaitement considérer que la fin de la civilisation de Yonaguni a été mythifiée ou transformée en une histoire semblable à celle de Lemuria.

En observant les similitudes entre Yonaguni et ces continents perdus, les experts espèrent étayer la théorie d'une grande culture pacifique maintenant disparue. Les mystérieuses têtes de pierre de l'île de Pâques ou encore toute la tradition orale des îles polynésiennes offrent quelques aperçus bien tentants de ce type de culture. D'apparentes ressemblances entre Yonaguni et des constructions en pierre situées sur Hawaï et sur

Tonga suggèrent l'existence d'une passerelle culturelle entre le Japon préhistorique et la côte sud-américaine.

Cette hypothèse tente d'expliquer les correspondances entre différentes cultures à travers le monde, qui partagèrent des croyances en matière d'astronomie et adoptèrent la pyramide comme construction privilégiée. Certains théoriciens, comme Graham Hancock, pensent que cela sert de preuve à l'existence d'une ancienne culture maritime qui aurait répandu sa sagesse tout autour du globe. Il est sûr qu'il faudra encore bien d'autres preuves pour que la communauté des archéologues, sceptique par nature, accepte une réinterprétation aussi drastique des premiers temps de l'humanité.

Peut-être que si les alentours de la pyramide de Yonaguni sont explorés avec plus de soin, on découvrira finalement cette preuve. Dans le cas contraire, elle pourrait alors se trouver auprès d'autres formations découvertes dans les fonds marins des îles de Kerama et Chatan et dans le détroit de Taïwan. Maintenant que la technologie est capable de nous en apprendre sans cesse davantage sur les transformations engendrées par l'ère glacière, on peut s'attendre à une augmentation de ce genre de découvertes effectuées autour du monde dans les eaux peu profondes des îles côtières.

Cela nous offre la perspective bien excitante de réponses possibles quant à la nature des origines de la civilisation humaine. Mais il faut s'attendre aussi à ce que chaque découverte soulève un nombre sans cesse plus important de questions. Par exemple, pourquoi la construction pyramidale a-t-elle touché autant de cultures et à divers moments de l'histoire de l'homme ? Il est bien possible que la réponse à cette question reste encore pour longtemps l'un des plus grands mystères de l'Ancien Monde.

LES PHÉNONÈMES RELIGIEUX

Dans la chrétienté, l'apparition la plus courante est celle de la Vierge. De son côté, la religion hindouiste parle souvent de statues qui boivent du lait. Les musulmans, quant à eux, ont fréquemment trouvé des représentations d'Allah dans la nature. D'autres évoquent aussi des statues en pleurs. Pour chaque personne croyant implicitement à la validité des miracles et des phénomènes religieux, il se trouve quelqu'un pour rejeter avec autant de véhémence la notion même. Ces personnes partagent néanmoins leur incapacité fondamentale de prouver leurs convictions par des faits indiscutables.

LE CHAMANISME

Sur presque tous les continents, la figure mystique du chaman existe depuis des milliers d'années. Pourtant, la nature de ses pouvoirs demeure en grande partie mystérieuse. Largement écarté par la communauté scientifique, le chamanisme n'en a pas moins joué un grand rôle à la fois dans l'art de guérir et celui de prédire. Il continue encore aujourd'hui dans quelques parties reculées du monde telles que la forêt amazonienne et les zones tribales en Mongolie.

Le mot « chaman » dérive de la langue tunguz de Sibérie, mais la pratique du chamanisme ne se limite pas à la Russie, elle s'étend à toute la planète. On distingue différentes écoles : turque, mongole, mandchou-tunguz, coréenne, japonaise, finno-ougrienne, américano-indienne, celtique et africaine, toutes modelées sur les mêmes principes.

Aujourd'hui perçu comme une sorte de sorcier docteur, le chaman jouissait d'une certaine position dans les sociétés anciennes en tant que guérisseur et conseiller. Il était, par bien des aspects, un genre de psychothérapeute avant l'heure. Les gens le consultaient pour guérir leurs troubles physiques, mentaux, émotionnels, ou bien pour connaître les secrets de leur avenir ou du passé. Le chaman s'exécutait en agissant comme une passerelle psychique entre ces deux mondes.

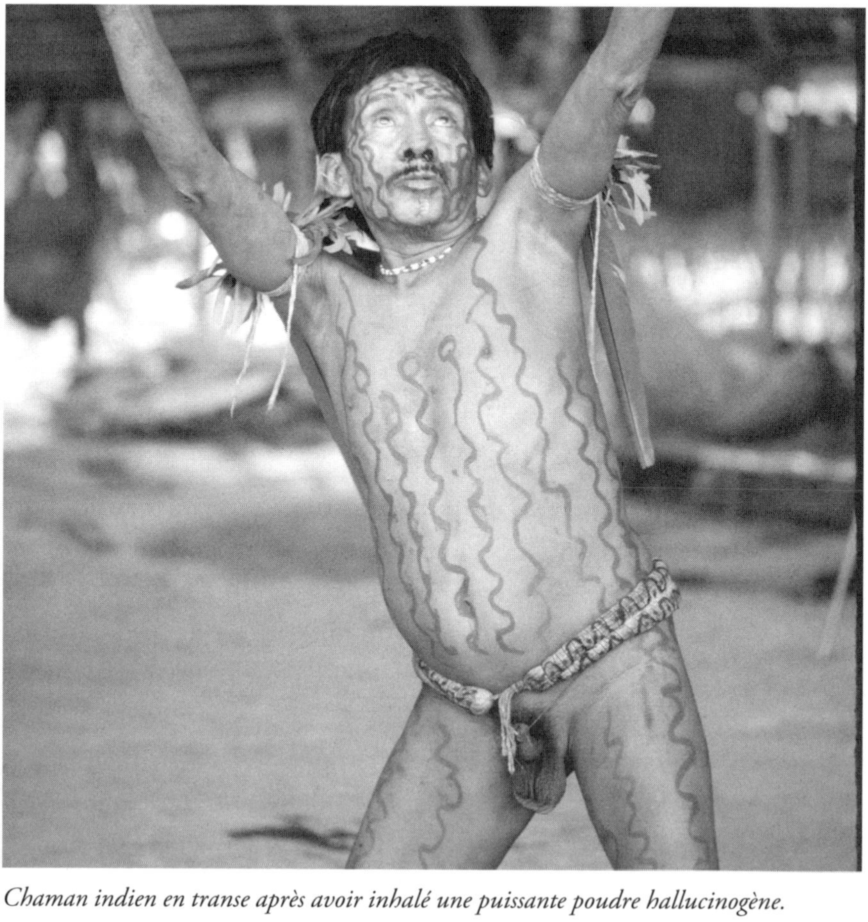

Chaman indien en transe après avoir inhalé une puissante poudre hallucinogène.

Au cœur du chamanisme se trouve l'« envol de l'âme ». Tout homme ou femme médecin dont la pratique s'appuie sur ce concept est considéré comme un chaman. Ces gens croient vraiment qu'une partie de l'âme humaine peut quitter le corps, par exemple lors d'un rêve. Afin d'aider les autres, le chaman doit d'abord laisser partir sa part d'âme, atteignant par ce procédé ce que l'on décrit comme un « état extatique ».

Cet état de conscience altérée s'obtient par différents moyens, souvent combinés, comme les chants psalmodiés, les percussions et la méditation. Ses connaissances étendues de la nature, et notamment de la botanique, permettent aussi au chaman d'utiliser des plantes hallucinogènes comme les champignons pour provoquer cette extase. Souvent extrêmement toxiques, ces substances représentent un risque pour lui : il peut tomber dans le coma, s'effondrer ou même mourir.

Une fois plongé dans cette transe, le chaman peut alors communiquer avec le monde caché des esprits. Puisque d'après sa croyance, la connaissance réside dans la nature elle-même, il consultera les rochers, les arbres et la terre, et parlera aussi avec les esprits d'animaux puissants pour recueillir une sagesse utile.

Croire dans le pouvoir des animaux fait partie intégrante de la pratique chamanique. Agissant comme des anges gardiens, ces animaux puissants sont les guides spirituels de toutes les âmes humaines. Chaque personne a son protecteur, dont les caractéristiques se manifestent dans sa personnalité. Par exemple, l'esprit d'un ours prêtera à quelqu'un sa sagesse d'ours, qui transparaîtra au travers du comportement de l'individu.

Après avoir consulté la terre et vu les esprits protecteurs, le chaman sera en mesure d'aider les gens pour un problème particulier ou de les guérir de leurs troubles. Si un homme demande conseil à propos d'une décision difficile à prendre, le chaman s'adressera à l'animal spirituel de cet homme. En cas de fléau ou de maladie, on lui demandera d'entrer en communion avec la terre pour en connaître les raisons et le remède. La dépression ou le coma peuvent, quant à eux, s'expliquer par le fait que l'âme de la personne s'est égarée. Le rôle du chaman consistera alors à rejoindre le monde des esprits pour la guider dans son voyage de retour.

Cette notion d'« envol de l'âme », si fondamentale dans le chamanisme, est assez courante. Le fait par exemple de ne pas réveiller un somnambule date des temps païens, où l'on croyait que l'âme s'était séparée du corps et qu'un réveil prématuré l'empêcherait de localiser son vrai propriétaire pour retourner à lui. Curieusement, les gens qui ont frôlé la mort ou vécu une sorte de dématérialisation décrivent souvent leur expérience en termes d'âme quittant le corps. Ils évoquent la sensation d'avoir été séparés de leur enveloppe corporelle avant d'y revenir une fois l'épisode terminé.

Lorsque la communication avec le monde des esprits est terminée et que le chaman se réveille de sa transe, il partage son expérience avec la tribu par le biais de chansons, de danses et de récits. S'il a employé des champignons hallucinogènes, il peut parfois décider de transmettre son expérience d'une manière plutôt inhabituelle. Les ingrédients actifs de ces substances puissantes ne peuvent être décomposés par le corps, ils passent dans l'urine. Le chaman diluera alors la sienne avant de la faire passer dans le groupe pour que chacun puisse expérimenter un fragment de l'« extase » qu'il a ressentie.

Certains pensent que ces hommes seraient comparables aux guérisseurs qui s'appuient sur la foi des patients. Ces derniers croient en effet tellement dans les pouvoirs mystiques de leur chaman et en sa force de guérison qu'ils se sentent déjà mieux, comme par une sorte d'autohypnose. D'autres maintiennent qu'il serait temps de revoir le pouvoir de nos connaissances ancestrales à la lumière des résultats incroyables obtenus par les chamans au cours des millénaires. D'après les partisans du chamanisme, leurs facultés reposent sur quelque chose de plus solide qu'une simple hypothèse psychosomatique.

On a suggéré qu'ils avaient une sorte de lien psychique avec la terre, inconnu du monde moderne. Les rites chamaniques sont en effet associés à des sociétés de chasseurs-cueilleurs proches de la nature, dont la vie est rythmée par les saisons. Avec l'agriculture, l'homme a commencé à contrôler certains aspects terrestres comme les récoltes, ce qui a réduit sa peur et la superstition concernant le pouvoir suprême de la nature. Avoir brisé ce lien avec elle explique peut-être la perte d'un savoir vital, bien connu des chamans, quel que soit l'endroit du globe où ils pratiquent.

Peu importe la source de leurs dons remarquables, beaucoup aujourd'hui croient sincèrement en leurs facultés psychiques et dans le pouvoir manifeste des esprits de la nature.

Si nous regardions un peu le passé plutôt que de nous focaliser sur l'avenir, peut-être verrions-nous que nos ancêtres n'étaient pas si primitifs que cela.

LES APPARITIONS DE LA VIERGE MARIE

Beaucoup de gens à travers les siècles ont vu des apparitions religieuses. Certaines ont été reconnues par l'église et ont eu le pouvoir de faire réfléchir les sceptiques à deux fois.

En 1968 à Zeitoun, en Égypte, plus d'un million de personnes furent stupéfaites d'apercevoir la Vierge flottant au-dessus de l'église. L'apparition revint plusieurs fois dans l'année, pour des durées allant jusqu'à plusieurs heures.

Le fait que l'apparition variait d'une nuit à l'autre diminuait fortement la probabilité d'un canular. Parfois on distinguait la silhouette entière de la Vierge, en d'autres occasions seulement son visage. À plusieurs reprises, un grand nombre d'oiseaux, que l'on a pris pour des colombes de la paix, l'accompagnaient. Ils voletaient autour d'elle. Des photographies, dont une controversée les montrant volant en croix, ont prouvé qu'ils faisaient partie du monde réel et non de l'apparition. Des observateurs de l'église copte d'Égypte ont affirmé que des panaches de fumée pourpre parfumée sortaient de l'église pendant ces mêmes apparitions.

Celles-ci furent vite connues et les pèlerins affluèrent des environs. Il y aurait eu un grand nombre de guérisons miraculeuses, comme celles d'estropiés pouvant à nouveau marcher ou d'aveugles recouvrant la vue. Mais de tous les miracles opérés par l'apparition, le plus grand a sans doute été de répandre le sentiment d'une destinée commune parmi des gens de différentes confessions. Dans une région comme l'Égypte, où les conflits religieux durent depuis des siècles, il était étonnant de voir tout le monde s'accorder à dire que ce qu'ils voyaient de leurs propres yeux était bien un miracle, impossible à expliquer sans Dieu. Des témoins musulmans récitaient des passages du Coran comme : « Marie, Dieu t'a choisie. Purifie-toi, il t'a choisie. Entre toutes les femmes ». S'il existe un quelconque message céleste implicite dans cette apparition, ce serait celui d'unité et de tolérance, comme ce que ressentait la foule en attendant les visions.

Celles-ci attirèrent l'attention du public et furent non seulement photographiées mais aussi filmées pour la télévision. Le nombre de témoins et le fait que la majorité de l'opinion accepte le phénomène lui ont donné du crédit. Le président égyptien lui-même, Gamal Abdel Nasser, un marxiste convaincu qu'il n'avait rien à gagner à reconnaître l'événement, y a assisté et a pu le vérifier par lui-même.

Néanmoins, les autorités étaient persuadées qu'elles avaient affaire à un montage très élaboré. La police mena une enquête épuisante dans un rayon de 25 km pour trouver la trace des auteurs, sans rien obtenir. Tout le monde se posait la question : l'apparition était-elle réelle et si oui, que signifiait-elle ? De tels sujets diviseront toujours l'opinion. La possibilité qu'un tel événement soit le fruit d'activités crapuleuses existe toujours.

À l'opposé, des gens affirment qu'ils ont été guéris de leur maladie en venant à proximité de cette présence bienfaisante, même si leur guérison peut être attribuée à la force de leur foi plus qu'à l'intervention divine.

Il est peu probable que le monde ait un jour une explication quant à l'authenticité de ces apparitions. Elles demeurent un mystère retentissant pour nous tous.

Foule entourant Bernarde-Marie Soubirous âgée de 14 ans (future sainte Bernadette) en train d'avoir une vision de la Vierge dans la grotte de Massabielle à Lourdes, France.

LA LANGUE DES ANGES

La pratique de la « langue des anges » (glossolalie) existe sous des formes variées à travers le monde, selon les cultures et les religions. Depuis le siècle dernier, elle est bien connue des chrétiens et en particulier de l'église pentecôtiste. Bien que sa validité soit très contestée par les courants majoritaires chrétiens, la glossolalie n'en rassemble pas moins de nombreux adeptes.

Cette langue des anges se manifeste surtout par l'emploi de mots et de sons intelligibles seulement pour ceux qui ont reçu le pouvoir de traduction. Les pentecôtistes croient que ces bruits sont la manifestation du

Saint-Esprit entrant dans l'esprit et le corps du croyant pour communier avec le monde.

Comparable à la glossolalie, la xénolalie désigne le fait de parler dans une langue inconnue de soi-même mais connue et comprise des autres. Les pages de la Bible regorgent de références à ces deux phénomènes, en particulier celles décrivant le jour de la Pentecôte, dont le mouvement pentecôtiste tire son nom. Luc en parle ainsi : « Les disciples parlaient dans toutes les langues, ce que voyant, l'assemblée les crut ivres, mais des hommes pris de boisson ne parlent pas des langues qu'ils ne maîtrisent normalement pas ».

Le mouvement pentecôtiste s'est développé autour de 1900, suite à un incident de « langue des anges » qu'a ensuite interprétée un prêcheur du nom de Charles Fox Parham. Après l'un de ses sermons, un membre de la congrégation, Agnès Ozman, stupéfia l'assemblée car elle ne pouvait réprimer un flot de révélations, exemple par excellence d'une glossolalie spontanée. Parham déclara qu'il s'agissait d'une « bénédiction pentecôtiste » et cela fonda le mouvement.

Certains éléments liés à la « langue des anges » seraient associés à l'hypnose et à la croyance religieuse ou surnaturelle en la possession. Les pentecôtistes croient en effet que ceux qui parlent de cette façon sont possédés par le Saint-Esprit. Les déclarations sont précédées d'une espèce de transe extatique, un état de conscience commun à beaucoup d'autres rites et rituels qui essaient d'entrer en contact avec d'autres mondes.

Les médiums ont par exemple habituellement besoin de la transe pour pouvoir communiquer avec l'esprit du défunt. De la même façon, un chaman passe par cet état extatique avant de pouvoir communier avec les esprits protecteurs. Certains individus semblent vraiment posséder la faculté d'expérimenter ce genre de communication lorsqu'ils sont en transe. La différence avec la glossolalie est qu'elle nécessite la présence d'une autre personne pour donner sens au langage.

Même si une telle pratique a ses adeptes à travers le monde entier, elle n'en soulève pas moins doute et suspicion. Les exemples de glossolalie

Femme possédée par un esprit lors d'une célébration pentecôtiste au Nigéria.

considérés comme des bénédictions peuvent très bien passer pour des malédictions ou des signes de possession démoniaque dans d'autres religions.

Peut-être n'y a-t-il en fait ni possession ni bénédiction mais un phénomène plus basique. Ces déclarations pourraient très bien résulter de la transe elle-même, car elles sont assez similaires aux vagues murmures émis par une personne profondément endormie. Après tout, beaucoup d'aspects rapprochent ces deux états. Les étranges explosions de parole de la glossolalie pourraient n'être qu'un processus mental primaire à l'œuvre.

Beaucoup argueront cependant que la question n'est pas de savoir comment ces déclarations se produisent mais plutôt comment on parvient à les déchiffrer et à leur donner du sens. Pour eux, tout le mystère est là.

Dans la xénolalie, même si celui qui parle ne connaît pas la langue dans laquelle il s'exprime, ses mots sont compréhensibles pour ses auditeurs. Pour la glossolalie, il n'existe aucun moyen de prouver ce qui est dit. On ne doit donc pas écarter la possibilité d'un prêcheur peu scrupuleux qui tromperait ainsi sa congrégation. C'est sans doute pour cette raison qu'une grande majorité des églises se méfie toujours de cette pratique.

On pourrait contre-argumenter en disant qu'il s'agit d'un exemple fondamental et alternatif de communication, sur laquelle le monde a encore beaucoup à apprendre. Mais le mystère reste entier, et ce pour longtemps.

MAITREYA ET LES LARMES DE CRISTAL

En 1996, un événement incroyable, qui défiait toutes les explications médicales, stupéfia le monde. Comme si ce n'était pas assez, il s'accompagnait de nombreuses visions mystiques de Maitreya, un maître et un sauveur de l'humanité.

D'étranges événements commencèrent à se produire en mars de cette année-là. Hasnah Mohamed Meselmani, une petite Libanaise de 12 ans, découvrit qu'elle pleurait plusieurs fois par jour des larmes de cristal. Ces cristaux de verre étaient assez tranchants pour couper du papier, pourtant cela ne lui faisait pas mal. Le phénomène dura huit mois, pendant lesquels sept cristaux sortaient en moyenne par jour de ses yeux.

Le père de la jeune adolescente la conduisit à Chtaura, chez un expert ophtalmologiste, le docteur Araji. Ce dernier fut étonné par le phénomène et certifia qu'il s'agissait d'authentiques cristaux de verre, bel et bien formés dans les yeux d'Hasnah. Il ne voyait aucune explication scientifique au mystère et déclara que ce devait être l'œuvre de Dieu.

Le cas attira l'attention du public. Les journalistes et la télévision arrivèrent en masse pour couvrir l'événement. Afin de ne donner prise à aucune suspicion, Hasnah et sa famille acceptèrent que le processus soit filmé de près, au moment où le cristal émergeait de ses yeux. Les autorités religieuses firent concurrence aux personnalités scientifiques pour offrir une explication plausible à l'opinion publique et tirer profit de l'événement.

Bas-relief indien du Maitreya Bouddha.

D'une manière inattendue, Hasnah elle-même fournit cette explication en évoquant la vision qu'elle aurait eue du mystique Maitreya. Elle décrivit quelqu'un vêtu de blanc, monté sur un cheval immaculé. Il lui aurait fait signe alors qu'elle était dans son lit, la nuit, et lui aurait dit être un messager de Dieu, responsable aussi de ses larmes de cristal. Elle lui aurait demandé si le phénomène allait s'arrêter et il lui aurait répondu : « Quand Dieu le voudra ». Le frère d'Hasnah l'aurait entendue discuter avec quelqu'un en ces termes, mais sans pouvoir apercevoir la personne en question.

L'arrivée d'un sauveur ou d'un guide a longtemps été attendue par la plupart des grandes religions. Il peut avoir des noms différents mais son rôle reste toujours le même, quelle que soit la croyance. Des miracles et des apparitions, comme celle vécue par Hasnah, annoncent sa venue. Il est perçu comme une sorte de Messie.

Les bouddhistes l'appellent Maitreya Bouddha, le cinquième Bouddha. Les hindouistes espèrent Krishna, qui viendra sur son cheval tel l'avatar Kalki. Les chrétiens attendent le retour du Christ, tandis que les juifs se préparent toujours à l'arrivée de leur Messie. Quant aux musulmans, il parle aussi d'un Messie à venir, l'imam Mahdi.

Dans son *Glossaire théosophique*, la célèbre voyante madame Blavatsky évoque la venue de Maitreya. Elle décrit comme suit le légendaire sauveur perse, Sosioh, sur son cheval : « Sosioh, le sauveur mazdéen qui, tel Vishnou, Maitreya, Bouddha et d'autres, doit venir sur un cheval blanc pour sauver l'humanité à la fin du cycle ». Il est intéressant de constater qu'à l'instar d'Helena Blavatsky et d'Hasnah, presque toutes les civilisations à avoir prédit l'arrivée de Maitreya le décrivent de la même façon : habillé de blanc, sur une monture blanche. Sans surprise, on l'appelle souvent le « Chevalier blanc ».

Ce maître mystique, qui semble unir autour de lui les éléments disparates de nos théologies, s'est montré en de nombreuses occasions à travers le monde. Ses apparitions ont été suivies de prédictions, toutes fournies par un auteur et conférencier britannique, Benjamin Creme. Elles disaient en substance que les enseignements du Maitreya inspireraient l'humanité et la pousseraient à oublier ses différends pour progresser vers le partage et l'entraide. Creme affirmait avoir reçu ces révélations utopiques par « télépathie spirituelle ».

Elles ont soulevé des controverses. Peut-on prendre les assertions d'un seul homme comme une preuve de cette force globale et unificatrice ou bien les visions de Creme sont-elles une tentative calculée de rassembler les gens ? Le récit d'Hasnah semble donner raison à l'Anglais et le phénomène de ses larmes de cristal demeure toujours inexpliqué.

La jeune Libanaise déclara qu'elle avait eu plusieurs conversations avec Maitreya et qu'il lui avait donné d'importants conseils. Il aurait prédit qu'un malheur frapperait sa famille et qu'il valait mieux pour eux abandonner leur maison temporairement. Toute la famille s'exécuta sauf l'un des frères. Le jour suivant, le jeune homme eut un accident de voiture dont il sortit heureusement indemne. Hasnah affirma que plus tard cette nuit-là, Maitreya la réprimanda en lui disant qu'il avait demandé à ce que toute la famille quittât la maison.

Cette histoire a déconcerté un grand nombre de personnes. Elle a aussi inévitablement provoqué des critiques : on a parlé de tromperie et du fait que la famille d'Hasnah, loin d'être riche, y trouvait son compte financièrement grâce à la publicité qui entourait le phénomène. Il faut néanmoins se souvenir que personne n'a pu expliquer la formation des larmes de cristal, qui restent un véritable mystère médical. Associées aux visions, il semblerait qu'elles aient bien constitué à ce moment-là un événement exceptionnel.

Peut-être faudrait-il simplement accepter le fait qu'il existe des phénomènes dans le monde que nous ne pouvons pas expliquer ? Peut-être le temps apportera-t-il des réponses à ce cas précis, mais d'ici là, nous devrions être plus ouverts à l'idée que les miracles peuvent se produire et qu'ils se produisent.

LES LÉGUMES DU MIRACLE

Aussi étonnant que cela paraisse, des messages religieux ont été trouvés en de nombreuses occasions dans des fruits ou des légumes. À chaque fois, ils ont provoqué un choc dans la communauté religieuse concernée, beaucoup les interprétant comme des signes divins envoyés pour renforcer leur foi. D'autres soutiennent que ces formations écrites sont entièrement d'origine naturelle et n'ont aucune signification religieuse. Savoir quelle ligne de pensée détient la bonne version est difficile.

En 1997, rien qu'en Angleterre, plusieurs messages ont été découverts dans l'agencement des pépins d'aubergines. En février, un épicier londonien, M. Sidat, était en train de couper une aubergine lorsqu'il remarqua que la disposition des pépins formait le mot « Allah » (Dieu) en écriture

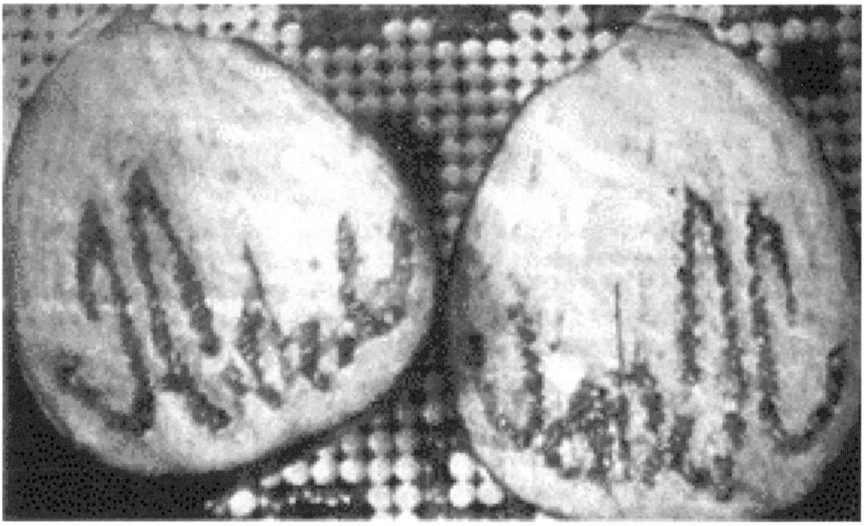

Tranches d'aubergine avec le nom d'Allah inscrit dans leur chair.

arabe. La famille Sidat prit cela pour une bénédiction et partagea le légume avec ses proches et ses amis.

Quelques mois après, d'autres découvertes du même style, à nouveau dans des aubergines, attirèrent cette fois un peu plus l'attention. À cette occasion, des miracles eurent lieu simultanément dans la même communauté hindouiste, mais dans des familles différentes. Chacune tranchait une aubergine quand elles remarquèrent avec surprise le symbole hindouiste pour « Dieu » inscrit sur les deux morceaux. Ces légumes étaient tellement miraculeux qu'on les a exposés dans les temples locaux où des centaines de fidèles sont venus contempler leur message.

Plus tard dans l'année, un texte bien plus complexe fut découvert dans une tomate. Une écolière de 14 ans, Shaista Javed, coupait le fruit en deux lorsqu'elle fut étonnée de voir sur l'une des moitiés les pépins répartis de façon à signifier en arabe « il n'y a qu'un seul Dieu » et sur l'autre « Mahomet est son prophète ». Ces trouvailles soulevèrent un grand intérêt dans la communauté, bien que les responsables de la mosquée locale n'aient pas voulu en faire un miracle.

Les sceptiques parlent de pure coïncidence, assurant que les courbes inspirées de la nature caractéristique de l'écriture arabe et des symboles hindouistes pouvaient aisément se retrouver dans le dessin composé par les graines de fruits et de légumes. Il n'est donc pas étonnant que ces découvertes dites « miraculeuses » se soient produites dans ces deux communautés religieuses. Qu'elles aient eu lieu auprès de croyants dont la langue de religion s'écrit d'une manière plus anguleuse, avec des cassures et des séparations de lettres se prêtant moins aux mouvements de la nature, aurait été plus surprenant. Néanmoins, cet argument ne décourage pas la ferveur de ceux qui considèrent ces découvertes comme des messages de Dieu.

La force de conviction est telle de part et d'autre qu'il est peu probable qu'un bord parvienne à convaincre l'autre. Il dépend donc du seul individu de décider quelle ligne de pensée choisir : ou bien ces messages ne sont que des coïncidences, ou bien ce sont de petits miracles révélés aux croyants. Dans les deux cas, ces légumes possèdent la remarquable faculté d'étonner et de laisser perplexe.

MERVEILLES DE LA MÉDECINE

De nombreuses affections, autrefois méconnues, peuvent à présent être traitées et guéries. D'autres demeurent cependant tellement étranges et rares qu'elles sont au-delà de notre compréhension. Bien que le corps humain soit d'une complexité merveilleuse, celle-ci n'est rien comparée à l'esprit. Au fil des découvertes qui décortiquent les processus de la maladie, nous espérons mieux saisir les mystères du cerveau humain. Mais ce n'est qu'en admettant ces derniers, quelle que soit l'étrangeté de leur forme, que la souffrance humaine se trouvera soulagée et que l'homme progressera.

DES POUVOIRS SURHUMAINS

Qui n'a jamais rêvé de posséder au moins une fois dans sa vie des pouvoirs surhumains ? Ce qui est étonnant, c'est que cela ne relève pas que de la fiction. De telles facultés existent dans le monde réel, au vu et au su de tous, aujourd'hui encore.

À travers l'histoire, certains groupes de guerriers se sont forgé une réputation terrifiante de force et d'invulnérabilité hors du commun. Il est évident qu'ils devaient se délecter de cette image et bénéficier d'un avantage psychologique sur le champ de bataille. Cela dit, leur réputation s'appuyait sur des aptitudes réelles et extraordinaires.

Prenons par exemple les berserkers. Ces Scandinaves comptaient parmi les guerriers les plus effrayants à avoir jamais combattu en Europe – leur férocité a d'ailleurs donné le mot berserk. Ils formaient l'élite armée des

Vikings. Aucune arme ne pouvait les atteindre. La preuve de cette invincibilité, c'est qu'ils avaient la réputation d'aller au combat sans armure ni cotte de maille et de se battre comme des bêtes enragées.

Cette férocité sans équivalent dans la bataille explique sans doute, pour une grande part, le statut dont ils jouissaient. Un berserker, aussi gravement blessé fût-il, continuait à frapper, ce qui devait en faire un adversaire bien redoutable. Il est très possible, néanmoins, qu'ils n'aient pas senti leurs blessures, ayant été à tel point conditionnés à rechercher le sang qu'ils dépassaient leur souffrance jusqu'à ce que la bataille soit finie et que la furie les quitte.

Ou alors, cette invulnérabilité peut s'expliquer par la pratique de charmes et de rituels qui les plongeaient dans un état second avant le combat, une sorte de transe qui leur épargnait la sensation de douleur, ou du moins la repoussait jusqu'à ce qu'ils soient prêts. Peu importent les moyens qu'ils employaient pour atteindre ces pouvoirs invraisemblables, on peut dire qu'ils étaient extrêmement efficaces comme en témoignent les récits de leurs adversaires vaincus.

Les berserkers n'étaient cependant pas le seul groupe de combattants à être connu pour sa résistance à la douleur et pour son invulnérabilité face aux armes. Les derviches Rufa étaient craints et respectés aussi bien par leurs amis que leurs ennemis. Ils ont immortalisé leur réputation par une appellation (« derviche tourneur »), qui évoque leur férocité et leur technique de frappe. Ces mots font aussi référence à la source de leurs pouvoirs. D'authentiques documents rapportent en effet qu'ils tiraient leur force de rituels religieux. Ces derniers les emmenaient dans une sorte de délire spirituel ou transe extatique, connue sous le nom de Halah. Dans une célébration frénétique visant à démontrer leur endurance à la douleur, le groupe s'automutilait. Les derviches saisissaient du fer chauffé à blanc ou plaçaient des charbons ardents dans leur bouche, qui rougeoyait alors au rythme de leur respiration. On dit aussi qu'ils se transperçaient avec des pointes spéciales. Cette frénésie extatique était suivie d'un rituel de guérison : le cheikh du groupe soufflait sur chaque blessure et priait. En une journée, même les blessures les plus mortelles étaient guéries.

Les derviches allaient au combat avec une extrême confiance, convaincus de leur invincibilité. Cet état d'esprit représentait un avantage certain au cœur de la bataille puisqu'il leur faisait mépriser la douleur. D'où leur réputation de bravoure hors du commun.

Jeune derviche tourneur au début du 20e siècle.

Mais la guerre n'est pas le seul champ d'expression des pouvoirs surhumains : ces derniers ont aussi été mis à profit d'une manière bien plus pacifique. Des maîtres spirituels tels que les moines tibétains ou les yogis indiens peuvent contrôler leur corps d'une façon qui dépasse l'entendement. Leur incroyable capacité de rester en vie dans les environnements les plus hostiles ou leurs prouesses physiques étonnantes ont toujours captivé.

Certains moines tibétains peuvent défier le froid extrême de l'Himalaya grâce à la technique du « toumo » (feu intérieur). Ils suivent un entraînement approfondi consistant en plusieurs heures de méditation journalières afin d'apprendre à se concentrer sur la chaleur de leur propre corps. Lorsqu'ils semblent maîtriser cette technique, ils passent une dangereuse mise à l'épreuve qui peut se révéler fatale en cas d'impréparation.

Bien que ce test n'implique rien de plus que de s'asseoir dans un silence méditatif, sa difficulté réside dans ses conditions de passage. Il se déroule en effet dehors, dans le froid mordant des montagnes, avec pour tout vêtement une fine tunique au préalable trempée dans l'eau glacée. L'examen consiste à sécher la tunique par la seule chaleur corporelle.

C'est uniquement après avoir réitéré cet impossible exploit par trois fois qu'un moine aura réussi l'épreuve. Dès lors, il ne portera plus que cette fine tunique, ayant démontré qu'il n'avait pas besoin de vêtements plus chauds. Le fait que des êtres humains puissent accomplir cette prouesse est tout bonnement hors de commun, car il ne s'agit pas que d'un phénomène physique.

La technique est en effet une idéologie en elle-même. Les moines croient qu'en libérant leur chaleur corporelle, ils brûlent leurs impuretés spirituelles telles que l'envie ou l'ignorance, rafraîchissant ainsi leur esprit. Ils soutiennent avec raison l'adage d'un esprit sain dans un corps sain. Cette signification plus profonde mise à part, il n'en demeure pas moins que ces hommes sains ont complètement repoussé les frontières de ce que l'on croit possible pour l'être humain.

L'Inde et ses yogis apportent aussi de nombreuses preuves de pouvoirs surhumains. Dans les années 1950, des chercheurs de la fondation Menninger du Kansas (États-Unis) se sont intéressés à un yogi qui pouvait contrôler sa fibrillation cardiaque et la faire grimper jusqu'à 300 battements par minute. On avait rarement enregistré de telles vitesses chez l'homme, même lorsque l'adrénaline est à son maximum. Le même yogi maîtrisait à tel point son corps, jusque dans ses plus infimes parties, qu'il pouvait influer sur sa température corporelle d'une manière spectaculaire. Une partie de sa paume était brûlante tandis que l'autre côté bleuissait de froid. Sa main subissait un différentiel thermique de 12 °C.

Autre exemple encore plus célèbre de faculté yogique, révélé par une photographie en 1974, celui d'un yogi avec la tête sous le sable et pourtant vivant. D'après les témoins, il arrêtait complètement de respirer et réduisait son rythme cardiaque à deux battements par minute. Dans ces conditions, il pouvait survivre la tête dans le sable durant plusieurs jours.

Un yogi en plein exercice de maîtrise du corps au Rajasthan.

Ce contrôle précis et rapide des réflexes innés paraissait impossible jusqu'à ce que la science fournisse une explication au milieu du 20e siècle. Ces yogis réalisaient des prouesses par la seule force de la méditation, qui leur permettait de ralentir leur métabolisme, de contrôler leur température corporelle, leur rythme cardiaque et même l'activité électrique de leur cerveau. Certains seraient même capables de léviter.

La démonstration spectaculaire d'une telle maîtrise prouve le mystérieux pouvoir du cerveau humain, pouvoir accessible à ceux qui consacrent leur vie à atteindre un état de méditation approfondi. Cette faculté surhumaine offre au reste des hommes un aperçu terriblement tentant du potentiel caché aux confins de la conscience. Il demeure néanmoins encore hors de portée du plus grand nombre.

LE SYNDROME D'ALICE AU PAYS DES MERVEILLES

L'état particulier connu sous le nom de « syndrome d'Alice au pays des merveilles » affecte radicalement la perception visuelle et mentale de la personne. Temps, distances, tailles et espaces sont déformés, laissant le patient totalement désorienté et en grande détresse. On en sait peu sur ce qui peut entraîner pareilles distorsions, même si les docteurs pensent qu'elles pourraient être liées à d'autres troubles bien identifiés.

Le premier à diagnostiquer ce syndrome fut un psychiatre anglais, John Todd, en 1955. Trouvant les symptômes de cette maladie vraiment tirés par les cheveux, il lui donna le nom du célèbre roman de Lewis Carroll. On l'appelle aussi « hallucination lilliputienne » en référence aux petits personnages du roman de Robert Swift *Les Voyages de Gulliver*. Le fait que les deux appellations renvoient à des fictions et à des mondes imaginaires témoigne de la bizarrerie de cette maladie.

Un patient type souffre de migraines, liées d'une manière ou d'une autre au syndrome. On se souvient que Lewis Carroll s'est plaint

Illustration de Sir John Tenniel pour la première édition du livre de Lewis Carroll.

de terribles maux de tête pendant une bonne partie de sa vie. Serait-il possible qu'il ait personnellement souffert de cette affection et qu'il s'en soit inspiré pour son livre ?

Il semblerait en effet que ce soit le cas au regard des aventures d'Alice, qui reflètent de nombreux symptômes. Tout comme l'héroïne du roman qui rétrécit subitement ou devient géante après avoir mangé et bu, un patient peut expérimenter de telles distorsions. Il s'agit d'hallucinations visuelles et sensorielles qui donnent l'impression que le corps, ou juste certains membres, changent d'échelle. Les conséquences, telles qu'un sentiment d'invulnérabilité ou la paranoïa, peuvent mettre le patient en danger.

Jusqu'à maintenant, aucune explication de ce syndrome n'a pu être avancée, même si son lien avec la migraine paraît fondé.

Comme pour d'autres phénomènes médicaux étranges, l'un des obstacles à la recherche réside dans la rareté des cas. Ils ont été si peu nombreux qu'ils sont très difficiles à comparer et à mettre en perspective. Sans nul doute, il s'agit là d'un des syndromes les plus inhabituels à avoir jamais défié la médecine. Les scientifiques arriveront-ils un jour à résoudre l'énigme ?

LES CANCERS DE FALLON

Fallon, petite ville agricole du Nevada, ressemble à beaucoup d'autres bourgades du même type à travers les États-Unis. À une différence près cependant : malgré une population de 7 500 habitants, elle enregistre le taux de cancers le plus élevé du pays, la majorité des personnes étant des enfants atteints de leucémie.

Il a fallu du temps aux médecins pour prendre conscience de ce qui se passait dans la communauté. Ils ne comprenaient pas le processus à l'œuvre puisque la leucémie n'est pas contagieuse. Ils cherchèrent désespérément un facteur commun à tous les patients, afin de pouvoir réduire les pistes et approfondir leurs examens. Sans ce dénominateur-là, leur tâche était titanesque.

Ils interrogèrent donc en détail chaque famille touchée, posant des questions précises sur tout ce qui pouvait avoir eu un impact sur leur santé. Ils relevèrent même le nom des produits ménagers et chimiques conservés dans les maisons. Néanmoins, l'enquête se révéla infructueuse. Le seul point commun des malades était de vivre ou d'avoir vécu à Fallon.

Les docteurs ont immédiatement pensé que quelque chose dans la ville provoquait cette maladie chez les habitants. Leur investigation pointa plusieurs causes possibles, bien qu'aucune n'ait été concluante et qu'une combinaison puisse toujours porter la responsabilité du phénomène.

L'une des hypothèses, la plus retenue, serait une contamination en provenance de la base aérienne de la marine américaine, à 16 km de là. De nombreux militaires y transitent pour des stages de pilotage au-dessus du désert du Nevada. La contamination aurait pu s'opérer de deux façons : par le flux permanent de personnes étrangères à la petite communauté et donc susceptibles d'y introduire une grande variété de virus et de germes, ou bien par la grande quantité de carburant employé par la base, lequel a pu polluer l'environnement au point de provoquer de sérieuses maladies.

Des recherches menées sur les chats et les vaches ont montré que les infections virales peuvent favoriser la leucémie, mais aucun examen n'a encore été réalisé sur l'homme. De plus, il semblerait qu'une prédisposition génétique soit requise avant d'en arriver à ce scénario.

En fait, des chercheurs européens ont démontré l'impact sanitaire que pouvait avoir un afflux migratoire important sur la santé des habitants de petites villes, dont le système immunitaire n'est pas adapté aux nouvelles sources d'infection introduites par les migrants. Un virus exogène a donc très bien pu entrer en contact avec la population de Fallon, *via* la base aérienne, et avoir des effets désastreux sur des organismes vulnérables.

Autre possibilité plus vraisemblable : la pollution environnementale. La base, qui abrite l'école aéronavale de Top Gun, célébrée dans le film du même nom, utiliserait 155 millions de litres de carburant par an. Les émissions qui découlent d'une telle consommation sont forcément conséquentes. En plus, le pipeline approvisionnant la base passe sous la ville de Fallon. Même si aucune fuite n'a jamais été signalée ou trouvée, la probabilité ne peut être totalement écartée.

L'enquête sur les activités militaires dans la région leva par ailleurs un lièvre qui fit passer la contamination par carburant au second plan. La nouvelle option était plus sinistre encore.

En 1963, l'armée travaillait sur le projet Shoal, une bombe nucléaire de 13 kilotonnes, dans un site enfoui sous les Sand Mountains à moins de 50 km de Fallon. On sait, suite à Hiroshima et à Tchernobyl, combien la proportion de cancers augmente dans la population après de telles explosions.

Les rapports officiels ne mentionnent cependant aucune radiation qui aurait pu atteindre Fallon, entre autres raisons parce que la profondeur d'enfouissement des essais empêchait toute retombée radioactive.

Il n'en demeure pas moins qu'un test nucléaire a eu lieu près de la ville il y a quarante ans et qu'il faudra des milliers d'années avant que toute contamination radioactive ne disparaisse du site.

De toutes les villes américaines, Fallon serait aussi celle qui posséderait le plus important taux d'arsenic dans son eau courante. Les autorités maintiennent que les quantités ne sont pas assez élevées pour mettre en danger les habitants et qu'avant la vague de cancer de ces dernières années, des générations avaient bu cette eau sans tomber malades pour autant. Mais les effets peuvent très bien n'apparaître qu'après un certain délai, le temps que les dépôts d'arsenic atteignent un niveau actif dangereux pour la santé.

D'autres tests environnementaux autour de Fallon ont aussi révélé la présence de mercure, un métal lourd hautement toxique, dans un lac tout proche ainsi que dans des canaux d'irrigation.

Tout aussi dangereux, les fertilisants et les pesticides sont utilisés en grande quantité dans cette communauté agricole. Ces éléments nocifs ont infiltré la chaîne alimentaire sur plusieurs générations jusqu'à menacer aujourd'hui la santé de l'homme.

Pour l'instant, aucune explication officielle n'a été avancée sur l'origine des cancers de Fallon. Au vu de tous les produits dangereux présents dans la région, l'hypothèse d'une contamination environnementale est la plus plausible. Elle se doublerait en plus d'une autre contamination, plus confidentielle.

Il est en effet possible que l'armée ait mené d'autres tests nucléaires dans cette partie reculée du Nevada, sans que le public en ait été informé, guerre froide oblige. Mais peut-être n'y a-t-il rien d'inhabituel à Fallon, si ce n'est le degré de malchance des personnes touchées par la maladie ? Certains médecins disent que, parfois, des cancers se développent ainsi naturellement.

Sans aucune explication scientifique attestée, l'affaire reste un mystère. Le temps apportera peut-être une réponse, mais d'ici là, il faut espérer que la tragédie qui a frappé Fallon ne se répétera pas ailleurs.

LE SYNDROME DU « JUMPING FRENCHMEN OF MAINE »

Le syndrome du « Jumping Frenchmen of Maine » se manifeste par une réaction disproportionnée face à un effet de surprise, aussi minime soit-il. Bonds, hurlements, bras qui partent et, dans certains cas, position fœtale, sont autant d'indicateurs du degré d'alarme voire de panique ressenti par la personne, degré souvent largement exagéré par rapport à ce qu'il devrait être.

Cet état fut diagnostiqué en 1878 par un médecin américain, le docteur Beard, qui a présenté ses conclusions devant l'association américaine de Neurologie. Son diagnostic s'appuyait sur l'étude d'un échantillon de bûcherons québécois travaillant autour du lac Moosehead, dans le Maine, aux États-Unis. Le nom du syndrome vient de là, « Frenchmen » désignant les francophones d'Amérique du Nord.

Le docteur avait constaté que la plupart d'entre eux réagissaient bizarrement : ils avaient un réflexe involontaire d'obéissance à toute injonction soudaine ou brutale. Par exemple, l'ordre de frapper quelqu'un était immédiatement exécuté sans une pensée pour la conséquence de l'acte, même s'il s'agissait de frapper un ami ou un proche. Les patients avaient aussi souvent tendance à répéter l'ordre reçu, prononcé dans une langue étrangère ou non. Ils redisaient les mots instantanément sans en comprendre le sens.

Pour une grande majorité, les symptômes avaient commencé peu de temps après avoir débuté comme bûcherons. Cela suggérait une corrélation entre santé et travail.

Des recherches furent menées pour essayer de découvrir si une neurotoxine contenue dans la flore locale ou les champignons pouvait provoquer ce comportement inhabituel. Mais jusqu'à ce jour, rien de probant n'a permis de confirmer une relation de cause à effet, bien qu'elle demeure possible.

Aujourd'hui, les médecins pencheraient plus en faveur d'une explication psychologique. Au début, ils ont d'abord pensé que le syndrome ressemblait à celui de la Tourette, mais en dépit de leurs similitudes, celui du « Jumping Frenchmen » possède sa propre singularité. On a alors comparé ses symptômes à ceux des soldats de la Première Guerre mondiale souffrant de troubles post-traumatiques liés aux explosions : ils réagissaient de la même façon que les « Jumpers » aux bruits violents. On a pensé que le stress pouvait être à l'origine du problème, mais l'hypothèse a été écartée car le contexte de travail des bûcherons n'impliquait pas le même degré de stress que celui des soldats.

Il est plus probable que le syndrome soit d'origine génétique. La majorité des personnes étudiées par Beard venaient apparemment de petites communautés isolées où la consanguinité pouvait être importante du fait même de cet isolement. On a constaté la même chose, plus récemment, chez des habitants de la Beauce, au Québec.

Jusqu'à ce que l'on découvre et étudie d'autres patients atteints de ce rare syndrome, aucune explication avérée n'éclairera ce trouble peu commun. Son origine demeure aussi mystérieuse que l'identité du premier « Jumping Frenchman of Maine ».

LA TRÉPANATION

Trépaner, c'est-à-dire couper ou pratiquer une ouverture dans le crâne, est un acte que nos plus lointains ancêtres connaissaient déjà. Il se pratique encore aujourd'hui, mais moins souvent. Bien que son objectif premier ait été médical, il a aussi été utilisé dans le cadre de rituels spirituels, oscillant donc entre science et mysticisme.

Les plus anciens exemples connus remontent à plus de 4 000 ans. Ils ont été réalisés dans des sociétés précolombiennes antérieures ou contemporaines aux Incas, sur le territoire de l'actuel Pérou. On a d'abord pris ces trous pour des traces de coups mortels portés à la tête lors d'un combat. Après un examen plus poussé, les archéologues ont réalisé que

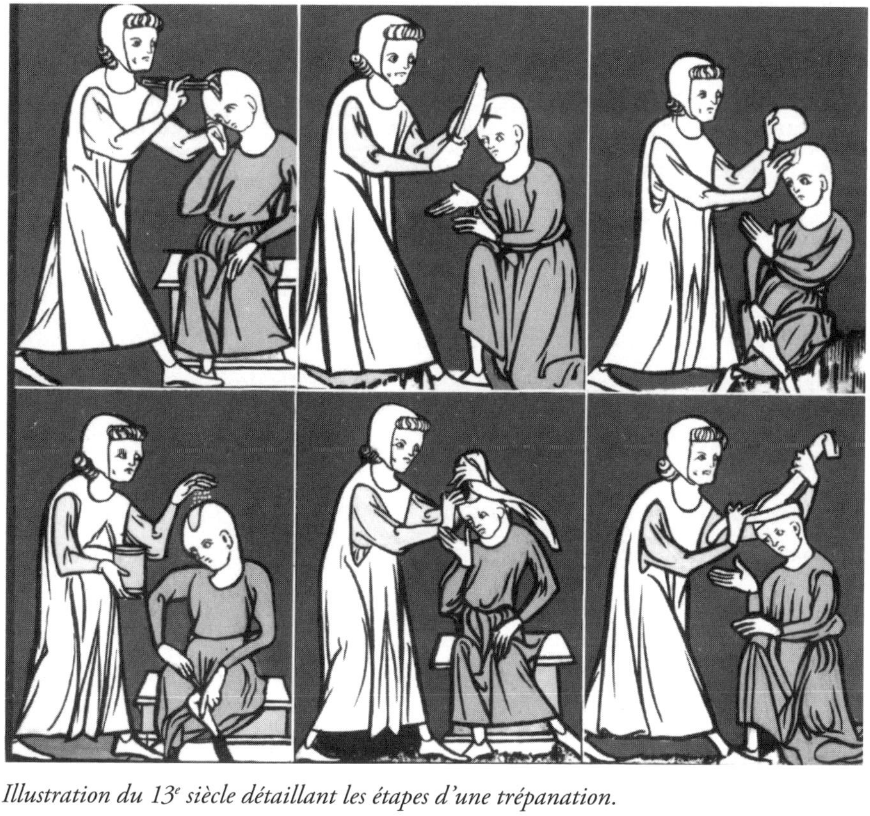

Illustration du 13e siècle détaillant les étapes d'une trépanation.

certains présentaient une découpe soignée. La plupart montraient aussi des signes de régénérescence, preuve que les personnes avaient survécu à l'intervention.

Cela signifiait qu'un acte chirurgical avait été pratiqué sur ces individus, aussi incroyable que paraisse l'idée d'un homme primitif œuvrant avec des outils de silex et sans aucun antiseptique.

Le fait que des crânes portant la trace caractéristique de cette intervention aient été retrouvés sur tous les continents indique que cette opération incroyablement délicate était très répandue et aussi bien maîtrisée au regard des patients ayant survécu.

Au début du 20e siècle, la trépanation était encore souvent prescrite. La technique avait tellement évolué que des instruments étaient spécialement conçus pour l'opération. On employait des scalpels et des trépans à scie circulaire afin de réduire les risques de toucher le cerveau et d'avoir des éclats d'os.

À travers les âges, de nombreuses raisons ont présidé à cette intervention, dont certaines subsistent aujourd'hui.

Il y avait d'abord les trépanations médicales, dans le but de soulager la pression artérielle du cerveau et sauver ainsi la personne. On pouvait soigner de cette façon un guerrier blessé à la tête. Cette chirurgie, toujours pratiquée aujourd'hui en cas d'urgence, démontre la remarquable compréhension que les premiers hommes avaient de l'anatomie et de la médecine.

La trépanation intervenait ensuite dans le traitement de maladies liées à la tête : migraine, épilepsie, troubles mentaux. Dans ces cas-là, on opérait moins dans l'idée de soigner mais plutôt pour expulser le démon ou les mauvais esprits logés dans la tête du patient. Cela renvoie à la notion de possession spirituelle chère aux sociétés primitives. On pense que l'opération se pratiquait en Europe jusqu'au Moyen Âge pour cette même raison. Elle doit sans doute avoir encore cours dans des civilisations reculées quelque part dans le monde.

Une autre cause de trépanation attestée, plus sinistre celle-ci, aurait été la création de bijoux ou d'objets magiques. Des talismans composés de plusieurs disques d'os crâniens polis et perforés pour être portés en collier ont été retrouvés en Bolivie et au Pérou. Ils avaient le pouvoir de protéger celui qui les arborait. L'opération se pratiquait sans doute à ce moment-là sur des sujets non consentants tels que les prisonniers.

Enfin, la trépanation pouvait aussi être intégrée à une démarche quasi religieuse visant à obtenir un état de conscience plus développé, voire des pouvoirs mystiques. On sait en effet que nos ancêtres, adeptes de chamanisme et de sacrifices, possédaient un sens aigu du surnaturel. Dans ce contexte, cette intervention leur permettait peut-être d'accéder à un état second dans le cadre d'un rituel.

Aujourd'hui, cette idée a été partiellement reprise par certaines personnes qui s'auto-trépanent afin d'atteindre un état d'illumination comparable à celui recherché par les premiers hommes. Des documents attestent de ces pratiques, rendant même compte de l'emploi de perceuses électriques pour procéder à l'ouverture du crâne.

En dépit de toutes les réserves énoncées par le corps médical en raison des complications possibles (empoisonnement du sang, méningite, lobotomie ou même mort), les adeptes de cette opération en font l'apologie, affirmant avoir accru leur niveau de conscience grâce à elle.

Le premier convaincu est un Hollandais, Bart Hughes, fondateur du Mouvement pour la trépanation dans le Nouveau Monde. Il la pratiqua sur lui-même dès les années 1960, après avoir élaboré sa propre théorie sur les fonctions du cerveau. Intéressé par la spiritualité, comme beaucoup d'autres avant et après lui, il aspirait à un plus grand degré de conscience mystique, degré qu'il associait à la mentalité enfantine.

Il pensait en effet que l'imagination et la perception des enfants étaient plus développées en raison de la nature de leur crâne. Quand un enfant naît, son crâne se compose de plaques qui s'élargissent au fur et à mesure pour permettre la croissance. Ce n'est qu'à l'âge adulte que la boite crânienne durcit et se solidifie. D'après Hughes, cette ossification restreint les processus cérébraux en limitant l'afflux de sang et d'oxygène dans le cerveau. Il était persuadé que l'auto-trépanation avait libéré son cerveau et sa conscience de l'étau restrictif de son crâne. Il affirma en avoir ressenti immédiatement les bénéfices : comme chez un enfant, son cerveau avait assez de place pour battre au rythme de son cœur. Ravi de sa découverte, il donna une conférence de presse pour en défendre les bienfaits. Les autorités s'en inquiétèrent et le firent par la suite placer en institution psychiatrique pour observation. Cela n'empêcha pas d'autres personnes de suivre son enseignement et de procéder à des auto-trépanations à domicile.

Les médecins rejettent les soi-disant bienfaits spirituels de la trépanation, qui relèvent plus selon eux de la guérison par la foi. Mais peut-être cette intervention peut-elle réellement augmenter le degré de conscience, de concentration et d'intelligence ? Certains l'affirment.

DIFFORMITÉS EXTRÊMES

L'histoire abonde en exemples de gens mis à l'écart des autres pour leur difformité extrême. Autrefois ridiculisés et maltraités, ils sont aujourd'hui mieux considérés. Néanmoins, l'appétit de leurs contemporains pour le sensationnel et l'étrange les a souvent menés sous les projecteurs, ce que certains ont su tourner à leur avantage, comme l'homme éléphant par exemple. Leur existence, extraordinaire en elle-même, reste un véritable mystère.

L'un d'entre eux, Pascal Pinon, se fit connaître au tout début du 20e siècle. Pendant trois ans, il fut en effet l'attraction vedette du cirque Sells-Floto en raison de ses deux têtes, un phénomène connu aujourd'hui sous le nom de *craniopagus parasiticus*. Il n'avait pas deux cous mais une deuxième tête, à moitié plus petite, qui émergeait en haut de son front.

D'après les publicités de la tournée, Pinon était un ouvrier mexicain qui avait fui son pays pour suivre le général Pershing au Texas, après que les raids du rebelle Pancho Villa eurent détruit ses moyens de subsistance. L'homme affirmait que ses deux têtes fonctionnaient indépendamment et que la seconde pouvait voir et sentir. D'après lui, il avait pu s'exprimer par cette deuxième bouche jusqu'à 20 ans, âge auquel la tête reçut un coup qui l'aurait laissée immobile, comme atrophiée.

Les médecins se sont toujours montrés sceptiques sur cette version, car elle différait trop de ce que l'on connaissait déjà à l'époque et de ce qui s'est vu depuis. D'autres personnes sont nées avec deux têtes, mais aucune avec cette disposition morphologique. La seconde est généralement à l'envers, comme pour faire fusionner les deux sommets de crâne. Un exemple de cet effet en miroir est le « garçon à deux têtes du Bengale », ou plus récemment Rebecca Martinez, une fillette de la République dominicaine.

Les scientifiques ont donc conclu que Pinon était soit un cas à part, nouveau et remarquable, que l'on ne pouvait pas dénigrer sur le seul prétexte de sa rareté, soit un affabulateur. Cette deuxième hypothèse implique que l'homme aurait déployé des efforts considérables pour se donner une apparence aussi convaincante. De fait, il se pourrait que cette protubérance n'ait pas du tout été une seconde tête mais une forme inhabituelle de tumeur sur laquelle il aurait fixé un visage de cire. Ne restait plus qu'à inventer l'histoire du coup sur la tête.

Si Pinon a réellement mis en valeur et en scène sa difformité pour améliorer son quotidien, il n'a pas été le seul à agir ainsi. Une autre star de la tournée, William Durks, affirmait avoir, quant à lui, deux visages. En fait, sa lèvre supérieure et tout son nez étaient fendus. Seul un de ses yeux voyait correctement, mais il avait ajouté un troisième œil au milieu de son visage pour donner l'impression d'un dédoublement facial.

D'autres n'ont cependant pas eu besoin de rectifier leur apparence pour déconcerter leur public. Les siamois par exemple. Cette anomalie, naturelle mais rare, se produit lorsque l'œuf doublement fécondé ne se scinde pas correctement dans l'utérus. Ce fut le cas pour Chang et Eng, des jumeaux d'origine siamoise (d'où le nom de l'affection) qui furent les premiers du genre à connaître une grande renommée. Ils se sont en effet produits de leur propre gré pendant tout le 19e siècle, devenant ainsi célèbres. Chacun se maria. Ils comptabilisèrent à eux deux vingt et un enfants et moururent à 60 ans.

Leur contemporain européen s'appelait Jean Libbera, de son nom de scène « l'homme à deux corps ». Né à Rome en 1884, il portait le corps atrophié de son jumeau attaché à son torse par le cou et les épaules, le crâne de son « frère » à moitié intégré à sa propre chair. Dans certains cas, la scission de l'œuf produit un corps normal, l'autre ne pouvant achever son développement. Ce fut le cas pour Libbera. La médecine qualifie ce jumeau de « frère parasite ». Bien que formé de tissus vivants, il se nourrissait à partir du corps de Jean.

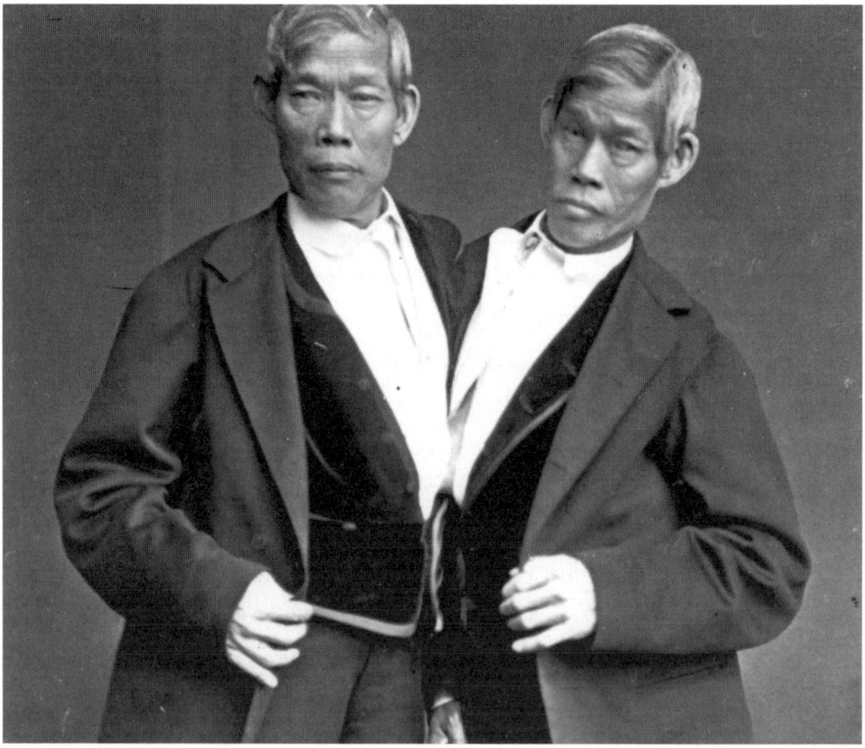

Les frères siamois Chang et Eng.

Il nous reste encore beaucoup à apprendre sur les fonctions et les processus vitaux du corps humain. C'est une machine tellement complexe qu'elle en devient parfois incompréhensible. Pendant des siècles, ses mystères ont fasciné les hommes, et de toutes les inconnues du monde, c'est encore celle-là qui est la plus remarquable.

LE SYNDROME DU « MORT-VIVANT »

Le syndrome de Cotard est un trouble particulièrement dangereux et désagréable. Connu également en anglais sous le nom de « walking corpse » (mort-vivant), il est habituellement associé à un état dépressif sérieux et implique souvent des psychoses. Le symptôme principal réside dans la conviction intime qu'a le patient d'être mort.

C'est un docteur français, Jules Cotard, qui a laissé son nom à ce syndrome pour l'avoir diagnostiqué en 1880. Il l'avait à l'origine appelé le « délire des négations ». Néanmoins, il est fort possible que ce trouble ait été découvert un siècle plus tôt, car en 1788 un certain Charles Bonnet évoquait déjà le cas d'une femme tellement sûre d'être décédée, qu'elle reposait dans un cercueil habillée d'un linceul. Elle avait même demandé à être enterrée, mais personne n'y avait consenti. Elle refusait de sortir du cercueil et y mourut après plusieurs semaines.

Selon toute vraisemblance, cette femme souffrait bien du syndrome de Cotard, même s'il en existe des variantes. Des patients peuvent en effet avoir l'impression que seuls certaines parties de leur corps sont mortes, ou bien que seul leur esprit est parti. Ils ressentent leur enveloppe corporelle comme une coquille vide ou un poids mort. Plus bizarre encore, ces hallucinations peuvent être tellement fortes qu'il arrive aux patients de décrire l'odeur de leur chair en décomposition ou la sensation des vers sous leur peau. Le traitement de ce syndrome est à la fois un processus complexe et un défi.

Les personnes qui en sont atteintes vivent le plus souvent normalement et rationnellement, mais leur hallucination morbide peut les mettre en grand danger, eux ainsi que leurs proches. Certains se sont suicidés ou ont tenté de le faire afin de démontrer qu'ils étaient vraiment dans la tombe. D'autres sont persuadés d'être invulnérables – étant déjà morts, il ne peut rien leur arriver.

Si la plupart sont dans une excellente condition physique, il est arrivé que des patients ne mangent plus – un mort n'a pas besoin de nourriture – ou bien qu'ils essaient de s'amputer d'un membre. Cela illustre le pouvoir de l'esprit sur le corps.

Même si cette préoccupation morbide est commune à d'autres maladies mentales sévères, elle reste néanmoins la « marque de fabrique » de ce syndrome rare. Le traitement actuel continue de se focaliser sur la circonscription des symptômes plus que sur la cure. Mais les progrès de la médecine laissent espérer que ceux qui souffrent de ce trouble si particulier pourront un jour guérir.

MALÉDICTIONS

Les malédictions sont pour la plupart des sorts magiques prononcés dans l'intention de nuire à une personne ou à un endroit. À travers le temps, un grand nombre de ces sorts ont été lancés, alimentant la superstition autour de forces invisibles et inexplicables. Combien y a-t-il d'étudiants en sciences qui rient à cette idée mais possèdent un porte-bonheur sur leur bureau au moment de leurs examens ? Ce porte-bonheur n'est rien d'autre qu'un talisman moderne, comme celui que nos ancêtres utilisaient pour se protéger de la malchance. Que les malédictions aient ou non un effet sur l'objet maudit, leur pouvoir restera entier aussi longtemps que les gens croiront en elles.

« THE LITTLE BASTARD »

James Dean, icône du cinéma hollywoodien, est mort tragiquement jeune, à un moment où sa carrière volait de succès en succès. Bien qu'il n'ait tourné que dans quelques films, il avait déjà gagné reconnaissance et fortune.

Avec ses premiers cachets, il s'était acheté une voiture de sport, une Porsche Spyder, l'un des quatre-vingt-dix modèles en circulation dans le monde à l'époque. Il la surnomma « The Little Bastard » et peignit ce petit nom sur la carrosserie ainsi qu'une ligne de voitures de course.

Dean avait l'intention de la faire courir lui-même mais il n'en eut jamais l'occasion. Le 30 septembre 1955, deux semaines seulement après l'avoir acquise, il mourut à son bord suite à une collision frontale avec

James Dean tel qu'il apparaissait dans le film Géant.

un véhicule. L'autre chauffeur s'en sortit avec seulement des coupures et des hématomes.

Les semaines précédant l'accident, on avait vu Dean partout au volant de sa voiture. Il la montrait fièrement à tous ses amis et s'étonnait que la plupart d'entre eux ne partagent pas son enthousiasme. Plusieurs ressentirent même de l'horreur à la vue de cette puissante machine : certains en raison des dangers qu'un pareil bolide ferait courir à un casse-cou tel que l'acteur, d'autres par un pressentiment spontané.

À l'époque, James Dean ne savait pas qu'un certain nombre d'incidents étranges avaient déjà eu lieu autour de la voiture depuis son arrivée dans le hall d'exposition de Competition Motors. Plusieurs mécaniciens s'étaient blessés en travaillant dessus peu après sa livraison : l'un s'était cassé le pouce en le coinçant dans une portière, un autre s'était coupé alors qu'il réglait le moteur. Sur le moment, on prit ces déboires pour de simples accidents, mais après coup, ils semblèrent s'inscrire dans une toile plus complexe de malchance, voire pire.

Après l'accident fatal, la carcasse de la voiture fut achetée par un garagiste, George Barris, celui-là même qui avait personnalisé l'engin de l'acteur quelques semaines auparavant. Il commença à suspecter quelque terrible malédiction lorsqu'il réutilisa certaines pièces du véhicule. Cette malédiction n'avait pas seulement emporté la jeune star de cinéma, elle provoquait maintenant de nombreux désastres dans la vie de ceux qui avaient eu la malchance d'acquérir un morceau de la voiture.

Le moteur de Little Bastard était sorti en grande partie indemne de l'accident. Barris l'avait donc remis en état et vendu à un fou de course automobile, le docteur William F. Eschrich.

La carcasse de Little Bastard au moment de son transport après l'accident qui coûta la vie à James Dean en septembre 1955.

L'un des amis du docteur, passionné lui aussi, le docteur Carl MacHenry, eu vent de la transaction et voulu acheter la boîte de vitesse de la voiture. Le garagiste vendit également d'autres pièces, dont les deux pneus arrière.

La première course dans laquelle les deux hommes essayèrent leurs nouveaux équipements tourna au désastre. La voiture du docteur Eschrich se retourna dans un virage après que ses commandes se furent bloquées. Il survécut mais paralysé. Le docteur MacHenry n'eut pas cette chance : il mourut suite à une perte de contrôle de son véhicule qui heurta un arbre. Comme si cela ne suffisait pas, la même semaine, le propriétaire des deux pneus arrière échappa de peu à la mort car lesdits pneus avaient éclaté simultanément lors d'une autre course automobile.

En apprenant cela, Barris décida d'employer la voiture à des fins plus altruistes. Il prêta l'engin cabossé à la patrouille de secours des autoroutes californiennes, en pensant que la renommée de James Dean bénéficierait certainement à leur campagne de prévention contre les accidents. Malheureusement, il ne réalisait pas encore que la voiture elle-même en provoquerait.

La patrouille entra en possession de la carcasse et la mit dans un garage avec beaucoup d'autres véhicules. Un feu prit mystérieusement dans le local et détruisit complètement de nombreuses voitures. Toutes celles garées là furent sérieusement endommagées sauf The Little Bastard qui s'en sortit sans une rayure.

Peu de temps après, alors qu'on la transportait vers une aire d'exposition pour une démonstration, un étrange accident eut lieu. La porsche se trouvait sur la plate-forme arrière d'un camion, conduit par un chauffeur expérimenté, George Barhuis. Une route mouillée. Le véhicule partit en dérapage, la plate-forme termina dans le fossé et Barhuis fut éjecté de la cabine par l'impact. Il s'en serait apparemment sorti vivant. L'incroyable tragédie réside dans le fait que c'est la carcasse de Little Bastard qui le tua en lui tombant dessus depuis l'arrière du camion.

Et la liste ne s'arrête pas là. Lors du quatrième anniversaire de la mort de l'acteur, un adolescent de Détroit admirait la voiture bien mise en valeur lorsque, sans prévenir, la structure sur laquelle elle reposait s'effondra. Le véhicule partit droit sur le garçon qui eut les jambes broyées. Il peut paraître inconcevable après cela que l'on ait continué à exposer la Porsche.

Pourtant, quelques semaines après cet accident, on la transportait à nouveau par camion lorsqu'elle se détacha et se fracassa sur la chaussée, blessant sérieusement de nombreuses personnes.

Heureusement, cette voiture maudite était condamnée. Peu de temps après ce dernier incident, elle se désagrégea d'elle-même à la Nouvelle-Orléans. On essaya bien de la remonter, mais George Barris s'interposa et prit des mesures pour que ses morceaux reviennent à son garage, en Californie. Lorsque le container arriva à destination, il était ouvert et la voiture avait disparu.

On ne sait si elle a été volée par un fan de la star de cinéma mais en tout cas aucune pièce n'a jamais été retrouvée. Si quelqu'un a été assez stupide pour vouloir posséder cette Porsche, il lui aura fallu beaucoup de chance pour échapper à la malédiction qui a frappé indifféremment tous ceux entrés en contact avec elle. Néanmoins, cette disparition entretient le mystère, non seulement autour de cette machine ensorcelée mais aussi autour de James Dean et de sa destinée tragique.

LA MALÉDICTION DE BLACK HOPE

Il existe des malédictions tellement générales et globales qu'elles effraient beaucoup de personnes voire des populations entières. Colifichets et amulettes servent alors de protection. D'autres malédictions sont plus spécifiques, s'attachant à une personne en particulier, un groupe ou un lieu. Dans ces cas-là, ce sont les histoires personnelles qui tissent le voile de la superstition, renforçant l'idée que de tels pouvoirs malveillants sont bien réels.

En ce qui concerne les familles Haney et Williams, ce type d'expérience personnelle s'est concrétisé lorsqu'ils ont acheté leur maison flambant neuve près de Houston, au Texas, en 1982. S'installer dans ce quartier, tout nouveau et si plaisant avec ses maisons entourées de grands jardins, concrétisait leur rêve familial.

Une année après leur emménagement, Sam et Judith Haney étaient très satisfaits de leur environnement. Mais cela changea lorsqu'ils décidèrent d'avoir une piscine dans leur jardin. Alors que les travaux de terrassement commençaient, un vieil homme, qui vivait dans le voisinage, frappa à leur porte pour leur donner des nouvelles plutôt déstabilisantes.

Il les informa que leur maison avait été construite sur un ancien cimetière afro-américain et qu'en creusant à cet endroit dans leur jardin, ils se trouvaient à l'emplacement précis de certaines tombes. Il leur donna même le nom de quelques familles noires qui vivaient dans les environs et qui

Le révérend Jesse Jackson aux micros devant le cimetière africain de New York, mis au jour en 1991 lors d'un chantier immobilier. Il compte parmi les plus anciens cimetières afro-américains d'Amérique du Nord.

pourraient confirmer ses dires. Les Haney restèrent cependant sceptiques et continuèrent les travaux.

Peu de temps après, deux cercueils de fabrication assez grossière contenant les restes d'un homme et d'une femme furent mis au jour. Épouvantés par cette découverte, les propriétaires réalisèrent que le vieil homme avait raison. Le choc passé, ils décrétèrent impératif de replacer les corps dans leur dernière demeure avec un enterrement digne de ce nom.

Ils tentèrent d'abord de déterminer l'identité des défunts. Le point culminant de la recherche fut la rencontre d'un vieillard, Jasper Norton, qui avait travaillé comme fossoyeur pour l'ancienne communauté noire. Il confirma que le lotissement dans lequel vivait la famille était bâti sur le terrain d'un ancien cimetière que l'on appelait « Black Hope ». De nombreux esclaves y avaient été enterrés. Or d'après le vieil homme, les corps que l'on avait exhumés pouvaient justement être ceux d'anciens esclaves, Charlie et Betty Thomas, morts lorsqu'il était jeune.

Les Haney poursuivirent leur enquête, cette fois à la recherche des descendants du couple. Sans résultat. Ils prirent alors la décision de remettre les dépouilles dans leurs dernières demeures d'origine. Ils s'en voulaient d'avoir dérangé une sépulture et espéraient, par ce nouvel enterrement, clore l'incident. Les événements à venir allaient leur donner tort.

Quelque temps après, d'étranges phénomènes commencèrent à affecter la vie des Haney. Cela prit tout d'abord la forme de voix désincarnées qui dérangeaient leur sommeil, puis rapidement ce furent les appareils électriques et les lumières qui s'allumèrent et s'éteignirent à leur guise, d'autres bruits non identifiables et la découverte des chaussures de Judith à l'endroit exact où Betty Thomas reposait.

Au bout d'un certain temps, la frayeur et la confusion des Haney avait atteint un tel degré qu'ils se confièrent à leurs voisins, Ben et Jean Williams. À leur grande surprise, ils découvrirent qu'ils n'étaient pas les seuls à subir des phénomènes surnaturels : au moins une douzaine de foyers connaissaient ce genre d'événements inexpliqués. Cela allait des portes qui s'ouvraient et se fermaient seules jusqu'aux apparitions.

Tout comme les Haney, la famille Williams croyait elle aussi qu'une malédiction d'outre-tombe les poursuivait. Bien qu'ils n'aient pas trouvé de corps sur leur propriété, ils s'étonnaient de voir que rien ne poussait dans leur jardin. En revanche, d'étranges trous, bien profonds, ne cessaient d'apparaître, se reformant aussitôt comblés. L'intuition d'une malédiction se transforma en conviction lorsqu'on diagnostiqua un cancer chez six membres de la famille la même année. Pour trois d'entre eux, il fut fatal. Aux yeux des Williams, c'était l'œuvre des défunts.

Les événements prirent même un tour tragique lorsque Jean Williams décida de vérifier s'il y avait des tombes dans son jardin comme chez les Haney. Un jour, elle se mit à creuser avec sa fille Tina. Peu après, celle-ci s'effondra. Deux jours plus tard, elle mourut d'un arrêt cardiaque à l'âge de 30 ans.

Ces deux familles avaient-elles raison ? L'indignation des défunts devant leurs sépultures profanées a-t-elle été assez puissante pour combler le fossé entre leur monde et le nôtre ? Pour les résidents bien vivants de l'ancien cimetière de Black Hope, cela ne fait aucun doute. Ils pensent que cette terre est maudite et qu'ils ont déclenché la malédiction en dérangeant les tombes.

Les Haney et les Williams avaient assez de preuves, en ce qui les concernait, pour décider de déménager. Quelle qu'ait été la force en action contre eux, qu'il s'agisse de leur propre inconscient ou de la « malédiction de Black Hope », toujours est-il que plusieurs vies ont été prises et que de nombreuses familles ont été chassées de leur maison par la peur.

Curieusement, leurs successeurs n'ont rencontré aucun problème. Ces esprits en colère se sont-ils apaisés ou s'agissait-il de « familles maudites » qui ne pouvaient pas vivre là en se sachant au-dessus d'un cimetière ? Si les événements s'étaient cantonnés à des phénomènes étranges ponctuels à l'intérieur des maisons, on aurait peut-être pu taxer ces gens de paranoïa. Néanmoins, le nombre de morts et de malades impliqués dans l'affaire rend l'hypothèse d'une malédiction plutôt convaincante.

LE CHEF CORNSTALK

Pendant de nombreuses années, une succession de désastres et de malheurs ont frappé le territoire de Point Pleasant, en Virginie-Occidentale. Cela n'aurait pu être que de la simple malchance, mais certains ont attribué les événements à l'ancienne malédiction d'un chef indien trahi.

Pour comprendre la nature et la puissance d'une malédiction, il est nécessaire de connaître le contexte dans lequel elle a été énoncée. C'est à ce prix que l'on peut juger si ce dernier justifie un désir aussi important de vengeance. L'histoire qui nous intéresse remonte aux années 1770, à l'époque où les Américains se battaient à la frontière : d'abord contre les Indiens pour les repousser vers l'ouest, puis contre les Anglais pendant la guerre d'indépendance.

Alors que les colons traçaient leur chemin le long du fleuve Ohio, aujourd'hui en Virginie-Occidentale, ils rencontrèrent une forte résistance de la part des tribus indiennes. Certaines s'étaient regroupées en une puissante confédération dirigée par le chef des Shawnee appelé Keigh-tugh-gua (Cornstalk).

Une bataille eut lieu en 1774, pendant laquelle les deux camps subirent de lourdes pertes. Finalement, les Indiens durent reculer vers l'ouest tandis que les colons prenaient la terre et fortifiaient leur position. Estimant qu'il aurait du mal à déloger des hommes aussi fortement armés, Cornstalk décida de faire la paix avec eux.

Quelques années plus tard, les troubles reprirent, encouragés par les Anglais qui attisaient le sentiment anti-colon. Ils essayèrent ainsi d'attirer un maximum d'Indiens de leur côté. Plusieurs tribus de l'ancienne confédération les rejoignirent pour préparer une attaque contre les implantations de rebelles. Cornstalk choisit au contraire d'honorer son traité de paix et se rendit au fort américain en compagnie d'un autre chef, Red Hawk de la tribu des Delaware, pour discuter de la situation.

À leur arrivée, ils furent pris en otage par les Américains, qui pensaient que les Indiens n'attaqueraient pas si leurs chefs étaient prisonniers.

Pendant sa captivité, Cornstalk fut bien traité. Il aida mêmes les colons à élaborer une stratégie contre les Anglais. Après quelques jours, son jeune fils se présenta au fort pour lui apporter des nouvelles et fut lui aussi retenu comme otage.

Peu de temps après, les choses tournèrent au drame. Les Indiens avaient tendu une embuscade à des soldats américains, partis chasser le cerf, et les avaient tués. La nouvelle provoqua une émeute dans le fort. Une foule de gens en colère déboula dans le quartier des prisonniers avec des idées de meurtre. Ils ne montrèrent aucune pitié pour Cornstalk ou son jeune fils, qui fut abattu sous les yeux de son père. Ce meurtre, cette trahison, poussa le chef indien à prononcer sa malédiction, si puissante qu'elle allait affecter l'endroit pendant des centaines d'années.

Selon la légende, il déclara : « Je suis venu dans ce fort en ami et vous m'assassinez. Vous avez tué mon fils à mes côtés. Pour cela, que la malédiction du Grand Esprit s'abatte sur cette terre. Qu'elle soit ravagée par la nature. Qu'elle soit trompée dans ses espérances ».

Après ces événements tragiques, Cornstalk fut enterré avec cérémonie près du fort où il avait été tué. Il ne devait cependant pas reposer en paix puisque son corps fut déterré et bougé par deux fois, la première en 1840 et l'autre en 1950, pour les besoins de chantiers immobiliers. Si la trahison originelle n'avait pas été suffisante pour cristalliser le pouvoir de la malédiction, ses profanations ont sûrement dû y parvenir.

L'endroit prit le nom de Pleasant Point et, comme pour défier la malédiction, les habitants décidèrent d'ériger un monument à la gloire des soldats qui avaient vaincu Cornstalk à la bataille de 1774. Curieusement, cet ouvrage fut frappé deux fois par la foudre : en 1909, ce qui repoussa son inauguration, puis en 1921, ce qui l'endommagea sérieusement.

Toutefois, ces incidents ne sont rien en comparaison de la liste de désastres destinés à s'abattre sur la petite communauté. En 1880, un énorme incendie ravagea un bloc entier du centre-ville. En 1907, le pire accident minier des États-Unis fit 310 victimes. En 1967, l'effondrement du Silver Bridge tua 46 personnes. L'événement a coïncidé avec d'étranges phénomènes tels que des lumières dans le ciel et l'apparition régulière de la mystérieuse créature connue sous le nom de « Mothman ».

Peu après, en 1968 et 1970, des avions s'écrasèrent dans le secteur, entraînant au total la mort d'une centaine de passagers. En 1978, un convoi ferroviaire de fret dérailla, déversant dans la nature une énorme quantité de produits chimiques toxiques qui polluèrent la terre et les nappes phréatiques des environs, détruisant tous les puits.

Cette catastrophe environnementale pourrait être le fléau naturel évoqué par Cornstalk dans sa malédiction, tandis que les espérances trompées correspondraient à la dépression économique traversée par Pleasant Point.

Il se trouvera beaucoup de monde pour soutenir que lorsqu'un drame touche une personne ou une communauté, cela relève de la malchance. Suggérer que cela tient à une malédiction reviendrait à s'accrocher à d'anciennes superstitions qui n'ont pas leur place dans le monde moderne. Mais lorsqu'un enchaînement de catastrophes comme celles qui ont frappé Pleasant Point se produit, il est difficile de ne pas admettre qu'une malédiction pourrait bien en être la cause.

LES COMTES DE MAR

Les ruines de la tour Alloa, en Écosse, sont les seuls vestiges d'un vaste manoir qui était autrefois le siège héréditaire des Erskine, comtes de Mar. L'endroit a subi le même destin que la famille, mais pas seulement parce que celle-ci y vivait depuis des générations. Une malédiction les liait, qui les condamnait et fit leur malheur.

Cette malédiction aurait été prononcée au 16e siècle par l'abbé de Cambuskenneth contre le comte de Mar, qui avait détruit le monastère. En agissant ainsi, l'aristocrate avait involontairement scellé la destinée de ses héritiers. Beaucoup de détails de l'imprécation, bien qu'obscurs au moment de leur énonciation, allaient en effet se révéler incroyablement exacts avec le temps.

Il était plutôt courant à l'époque que les malédictions écossaises condamnent au malheur plusieurs générations, pourtant celle-ci diffère des autres sur quelques points. Très important, mais classique dans ce genre de prédictions, elle prévoyait que le nom des Erskine allait s'éteindre – ultime désastre pour une lignée aristocratique héréditaire. Mais là où elle va plus loin, c'est qu'avant son extinction, la famille était censée voir ses biens et son domaine tomber dans des mains étrangères – idée horrible pour une noblesse attachée à la terre. La colère de l'abbé aurait pu se contenter de cela et ne pas pousser au-delà. Cependant, la malédiction continue en disant qu'un futur Erskine vivrait pour voir sa maison ravagée par les flammes et sa femme y brûler vive. Elle précisait aussi que trois de ses enfants ne verraient jamais la lumière du jour.

Ajoutant plus de disgrâce encore au nom des Erskine, le grand hall du domaine servirait d'écurie et un humble tisserand travaillerait dans la grande salle d'État. La malédiction ne s'arrêterait qu'une fois accomplie et qu'un jeune frêne prendrait racine en haut de la tour.

Bien qu'elles aient pu inquiéter le comte de Mar, ce dernier vécut sans qu'aucune de ces prédictions ne se réalise. Sur son lit de mort, il a probablement pensé que sa famille avait échappé aux proclamations vengeresses de l'abbé. Mais il se trompait.

La malédiction sut tout simplement se montrer patiente, car ce n'est qu'après un certain temps que les événements commencèrent à confirmer ses prévisions. En 1715, un descendant du comte prêta allégeance à Jacques Stuart, fils de Jacques VII d'Écosse, plus connu sous le nom du « Vieux Prétendant ». Erskine mena une rébellion jacobite contre la Couronne afin de remettre Jacques Stuart sur le trône. Il perdit la bataille et, en châtiment, se vit retirer ses titres et ses biens. Ainsi s'accomplit une partie de la malédiction. On ne sait si le comte lui attribua ces événements ou s'il n'y vit que la conséquence de ses propres actions. En tout cas, la plupart des prédictions restantes allaient se réaliser aux générations suivantes.

Presque un siècle plus tard, le malheureux John Francis Erskine allait subir la plus lourde de toutes. Il paya le prix fort pour les erreurs de ses ancêtres, car trois de ses enfants naquirent aveugles, ainsi que l'abbé l'avait annoncé. Puis la tour Alloa, seul bien qui restait de la gloire familiale passée, fut dévastée par le feu et son épouse périt bel et bien dans l'incendie.

L'essentiel de la malédiction avait pris corps, il ne restait plus que les détails. Ils se concrétisèrent. Un régiment de cavalerie prit ses quartiers dans le hall à moitié en ruine, qu'ils transformèrent en abri pour leurs chevaux pendant qu'ils parcouraient le pays. Par la suite, un tisserand itinérant s'y installa pour rayonner et commercer dans les bourgs les plus proches. Vers 1820, on vit un petit frêne sur les vestiges de la tour. Toutes les prédictions de la malédiction étaient à présent accomplies.

Parmi toutes les questions qui viennent à l'esprit, la première tourne autour de l'existence même de cette malédiction. A-t-elle jamais été prononcée ou serait-ce une histoire élaborée après coup pour expliquer la fin des Erskine et servir d'avertissement aux autres propriétaires terriens susceptibles de rébellion ? Les faits historiques et le folklore local indiquent que la malédiction a été énoncée, mais il est toujours possible que l'abbé, sans posséder la faculté de provoquer d'aussi terribles événements, ait tout simplement eu un don de double vue particulièrement développé. Les deux versions peuvent correspondre à l'histoire.

Peut-être l'homme d'église avait-il le pouvoir de sceller le destin des Erskine par une malédiction. Peut-être ses pouvoirs de divination étaient-ils comparables à ceux d'un prophète, bien que ce soit le seul exemple d'oracle connu de sa part. Quelle que soit la vérité, les pouvoirs mystiques de l'abbé de Cambuskenneth étaient assez puissants pour que l'on s'en souvienne encore aujourd'hui.

LE MAUVAIS ŒIL

Le « mauvais œil » compte parmi les plus vieilles superstitions au monde, avec des exemples remontant à l'Égypte ancienne. C'est aussi l'une des malédictions les plus étranges car elle ne peut être lancée que par une personne qui la subit elle-même et le sort est généralement jeté d'une manière involontaire. Le mauvais œil peut porter sur presque tout, des enfants au bétail en passant par les récoltes et les biens.

Cette malédiction semble entrer en résonance avec une bonne partie de l'humanité puisque toute la planète la connaît. Les Écossais l'appellent *droch shuil*, les Italiens *malocchio*, les Arabes *ayin hara* et les Hébreux *ayin horeh*. La croyance en son pouvoir est particulièrement développée autour de la Méditerranée et de la mer Égée, mais elle s'étend aussi à l'Europe du Nord, au Maghreb et au Moyen-Orient.

Ceux qui possèdent le mauvais œil ne l'acquièrent pas, ils naissent avec. Par ailleurs, ils n'ont pas toujours d'intention malveillante envers l'objet de la malédiction. Ils sont juste assez malchanceux pour répandre le malheur d'un simple regard.

Le pape Pie IX, par exemple, aurait possédé le mauvais œil si l'on s'en tient aux catastrophes qui s'attachaient à ses déplacements.

Mais le plus souvent, ce sont les femmes qui l'ont, notamment les femmes aux yeux bleus dans les pays méditerranéens. Celles qui entrent malheureusement dans cette catégorie peuvent provoquer peur et suspicion. On peut les traiter de sorcières dans certaines sociétés, surtout si un malheur frappe la communauté.

Dans beaucoup de cultures, le mauvais œil est lié au péché d'envie, ou assimilé comme tel. Le regard blessant est perçu comme envieux par intention, même s'il s'accompagne d'éloges. Les enfants élevés dans ces sociétés apprennent à ne pas convoiter les biens des voisins ni envier leur succès, par crainte du mauvais œil. Car ses pouvoirs malveillants passent autant par ceux qui les possèdent que par ceux sur lesquels ils sont lancés.

Ils auraient été particulièrement efficaces pour tout ce qui touche à la fertilité, sans doute parce que nos ancêtres dépendaient d'elle notamment pour la terre. Ainsi, le mauvais œil pouvait se manifester par la maladie d'un enfant, la stérilité, une mauvaise récolte ou du bétail malade.

Afin de le contrer, les gens portaient des charmes de fertilité. Ces derniers, habituellement faits de corne ou de coquillages, évoquaient souvent les organes reproducteurs. Si pareille protection n'était pas disponible, des signes de la main y suppléaient. Nous les faisons encore aujourd'hui, pour certains, en ignorant dorénavant leurs anciennes connotations culturelles. Par exemple, le majeur tendu vers le haut à partir d'un poing serré symbolise le pénis, alors que la tête de taureau renvoie à l'utérus et aux trompes de Fallope.

Beaucoup de monde porte encore des amulettes ou des talismans en Méditerranée. Le plus courant est une simple représentation de l'œil sur fond bleu afin de renvoyer le regard de n'importe quelle personne qui pourrait le lancer. On peint des yeux sur la proue des bateaux de pêche pour la même raison. Plus à l'est, en Inde, on utilise des miroirs et des surfaces brillantes pour renvoyer le pouvoir du mauvais œil d'où il vient. Des ficelles ornées de miroirs peuvent être accrochées aux portes pour protéger la maisonnée et on en décore souvent les animaux et les véhicules.

Une autre méthode pour neutraliser le mauvais œil passe par le dénigrement, quel que soit l'objet que l'on vient de complimenter ou de regarder. Dans certaines sociétés, il est par exemple parfois nécessaire de cracher sur son enfant si l'on pense qu'il a été maudit. Ailleurs, on habille les garçons en fille afin de détourner le mauvais œil des fils tant désirés.

Nombreux sont les sceptiques, particulièrement en Occident, qui ne reconnaissent pas le mauvais œil et l'écartent faute de preuves scientifiques. Pourtant, on entend bien des gens dire qu'ils ressentent de « mauvaises vibrations » à côté de certaines personnes, ou bien un certain malaise face à l'envie et à une jalousie évidente. Il est peut-être possible que ces émotions se manifestent physiquement, l'effet de la malédiction dépendant de la force qu'on lui prête ?

Superstition ou impact réel, il existe certainement dans le monde un grand nombre d'individus qui prendraient en tout cas très mal le fait de recevoir ce mauvais œil.

ÉTRANGE NATURE

Le monde entier craint et respecte le potentiel de destruction absolue du climat, des océans, des tremblements de terre, des volcans et des inondations. Autant qu'il s'émerveille devant les créatures sauvages qui défient l'entendement et déconcertent par leur allure si étrange. Il y a aussi ces récits qui traversent les siècles à propos d'étranges créatures – depuis les centaures, les cyclopes et les serpents de mer de la mythologie jusqu'aux animaux bizarres aperçus plus récemment tels que l'ours Nandi et le chupacabra. De nouveaux champs d'études permettent de catégoriser ces curieuses bêtes, mais ils n'expliquent pas comment ni pourquoi elles existent.

LES DÉFERLANTES

Le pouvoir destructeur de la nature atteint sans doute son apogée lorsqu'il s'agit de la mer. Courants mortels, tourbillons et, en particulier, vagues géantes, ont prélevé leur lot de vies depuis que l'homme navigue sur les océans. On attend encore que certains de ces phénomènes naturels soient expliqués.

Si le tsunami est provoqué par un tremblement de terre sous-marin, comme celui du 26 décembre 2004 dans l'océan Indien, les déferlantes n'ont pas la même origine. Paraissant surgir de nulle part tout comme leur cousin, ces énormes murs d'eau sont d'une puissance terrifiante et détruisent tout sur leur passage. Depuis toujours, les navigateurs en parlent, mais leur existence n'a été prise au sérieux que tout récemment.

En 1980, un survivant chanceux a pu filmer la déferlante qui s'est abattue sur le pont de son bateau. Il dit avoir vu une gigantesque masse d'eau s'élever de la mer pour retomber. Ces rares images montrent la vague en question se dresser au-dessus des autres. Des calculs, prenant la taille du mât comme référence, ont estimé que la hauteur de cette déferlante était au moins de 20 m, voire 30 m en raison du creux qui habituellement précède ce type de vagues et augmente de fait sa hauteur.

À présent que l'existence de ces déferlantes est mieux connue, certaines personnes pensent qu'elle pourrait expliquer les mystérieuses disparitions de bateaux qui se produisent chaque année sur les mers du globe. La force d'impact de toute cette eau est à ce point énorme qu'elle peut en effet détruire même le plus grand des supertankers.

De plus, ces vagues géantes se feraient maintenant plus fréquentes. Alors que d'après les lois mathématiques elles ne devraient se former qu'une fois sur toute une vie, les archives de la marine et les images radar révèlent qu'en 12 ans, 466 vagues dépassant la taille moyenne des autres ont été enregistrées.

Maintenant que les déferlantes sont reconnues et en voie d'expansion, quelle pourrait en être la cause ? Les océanographes restent perplexes, car les trois facteurs clés dans la formation des vagues normales, c'est-à-dire la vitesse du vent, la surface d'eau disponible et la durée des courants aériens sur la mer, ne s'appliquent pas à ce cas-là. Or si toutes les vagues sont soumises aux mêmes conditions, comment se fait-il qu'une vague grandisse par exemple jusqu'à 34 m, alors que ses voisines plafonnent à 10 m ?

Une des hypothèses serait que les déferlantes se forment à partir de vagues plus petites. La rencontre entre des courants marins rapides et des vents puissants en sens contraire seraient à l'origine du processus, le frottement des deux masses ralentissant les vagues normales, ce qui leur permettrait de se réunir en un véritable mur d'eau. Comme un bon nombre de déferlantes jaillissent dans des parties du globe qui combinent ces éléments (le Gulf Stream, le courant de Kuroshio au sud du Japon ou les abords du légendaire cap Horn), nous aurions là une explication plausible. Toutefois, elle ne dit pas comment une telle vague peut se former hors des courants marins importants.

Illustration de 1867 d'un tsunami qui, contrairement, à la déferlante, est causé par un tremblement de terre.

Une autre supposition s'appuie quant à elle sur la théorie du chaos, un modèle mathématique appliqué généralement aux marchés financiers et à la météo. Cette idée rationnelle défend que la moindre modification aussi mineure soit-elle peut avoir des résultats disproportionnés. Dans ce cas-là, la plus légère modification dans la taille des vagues, la vitesse du vent ou sa direction peut engendrer une monstrueuse colonne d'eau. Les équations mathématiques utilisées pour tester cette hypothèse lui accorderaient quelque crédit, mais d'autres études approfondies seront encore nécessaires avant d'en arriver à des conclusions probantes.

L'origine des déferlantes n'est donc toujours pas claire. Peut-être les progrès de l'océanographie fourniront-ils bientôt une explication qui offrira aux hommes une meilleure compréhension et une conscience plus développée de la complexité du monde qui les entoure.

Pour l'heure, ce phénomène n'est qu'un exemple supplémentaire du pouvoir imprévisible, mystérieux et dévastateur de la nature.

SONS DES PROFONDEURS

Les océans, royaumes sous-marins immenses et inexplorés, ont tenu les hommes sous leur coupe pendant des milliers d'années. Aujourd'hui, ces étendues demeurent aussi mystérieuses que l'infini de l'espace, même si les progrès de la science ont permis de repousser les frontières de l'inconnu et d'apporter quelques lumières sur les noires profondeurs qui recouvrent notre planète. Certains résultats sont surprenants.

L'une des méthodes les plus efficaces pour collecter des informations sur le monde sous-marin fait appel à l'hydrophone. Son utilisation remonte aux années 1960 et à la guerre froide, lorsque la marine américaine l'employait à grande échelle pour repérer les sous-marins soviétiques. C'était l'outil idéal pour localiser, suivre et identifier les nombreux sons portés par l'eau.

On place l'hydrophone, qui est par essence une sorte de station d'écoute, à des centaines de mètres sous la surface des mers. À cette profondeur, la pression et la température cantonnent les ondes sonores à une bande connue sous le nom de fréquence des profondeurs : les ondes voyagent ainsi sur des milliers de kilomètres sans distorsion. Lorsqu'elles entrent en contact avec l'hydrophone, elles provoquent un spectrogramme, c'est-à-dire une représentation visuelle du son, que l'on peut analyser et comparer à d'autres. On peut ainsi facilement identifier de nombreux bruits, fréquents dans les océans : ceux des bateaux, des sous-marins, des baleines ou des secousses telluriques. D'autres, plus sinistres, échappent en revanche à toute interprétation.

Ces échos inexplicables se captent sur une fréquence lente, qu'il faut accélérer pour la rendre audible à l'oreille humaine. Certains ne durent que quelques minutes, alors que d'autres peuvent durer des années en continu, à la grande perplexité des chercheurs. On a suggéré que les volcans sous-marins, les icebergs et même ces créatures énormes et mystérieuses des hauts-fonds pourraient en être la source, mais rien n'est avéré.

Un bruit étrange a été surnommé le « Bloop ». Les scientifiques pensent à un animal car le spectrogramme indique une variation rapide des fréquences, phénomène propre aux habitants des profondeurs. Toutefois, son ampleur les déconcerte. Le Bloop a en effet été capté simultanément par des hydrophones situés à plus de 4 800 km de distance, ce qui montre combien le volume de ce son est important, plus fort que celui de tout animal marin connu à ce jour. On a alors suggéré qu'un poulpe géant, ou un autre monstre inconnu, pouvait errer dans les profondeurs de nos océans.

« Slowdown » est le petit nom d'un autre signal qui lève encore plus de questions et fournit moins de réponses que Bloop. Il est enregistré plusieurs fois par an dans le Pacifique et l'Atlantique depuis 1997. Un scientifique de pointe, Christopher Fox, a observé que ce bruit, comparable à celui d'un avion, vient du sud et pourrait donc émaner de l'Antarctique. Afin d'écarter l'hypothèse d'une émission humaine, il a consulté la marine américaine à ce sujet, pensant à un équipement militaire top secret, mais cela s'est révélé infondé.

Une autre hypothèse serait alors les mouvements de la glace au pôle Sud. Le spectrogramme de Slowdown est en effet similaire à des sons enregistrés lors d'une friction entre deux matières. Or les masses de glace du pôle Sud, en perpétuelle évolution, frottent contre la terre de l'Antarctique. On serait donc dans la bonne configuration.

De nombreux autres tests seront néanmoins nécessaires avant que la source de ces signaux ne soit identifiée avec certitude. Sont-ils provoqués par quelque mystérieuse créature des profondeurs ou ont-ils une origine purement géologique ? Seul le temps le dira.

LES POULPES GÉANTS

Les mythes et les histoires terrifiantes de poulpes géants abondent depuis des siècles dans le cercle des gens de la mer. Des fictions font aussi référence à ces créatures, comme le célèbre Moby Dick d'Herman Melville.

En vérité, personne n'a jamais vu de spécimen adulte vivant. Ces animaux appartiendraient-ils tout simplement à la rumeur et à la fiction ?

Des scientifiques de Tasmanie pensent autrement, car les restes d'énormes animaux marins s'échouent régulièrement sur leurs côtes et des résidus de tentacules en décomposition ont été trouvés dans l'estomac de baleines. Récemment, des chalutiers ont ramassé dans leurs filets de jeunes spécimens de poulpe et les ont ramenés pour examen à l'Institut d'études de l'Antarctique et des mers du Sud, basé en Tasmanie.

Bien que les poulpes géants demeurent en majorité inconnus des scientifiques, ceux-ci possèdent désormais des informations sur une espèce en particulier : l'*Architeuthis*. Ce monstre marin a été identifié par un chercheur danois en 1856. Depuis, de nombreux rapports ont fait état d'échouages de ces êtres sur toutes les côtes du globe. Malgré les histoires effrayantes sur leur férocité, des études récentes ont conclu qu'en dépit de leurs proportions gigantesques, ces créatures étaient très lentes et relativement vulnérables. On pense qu'elles se laissent dériver dans les courants froids des profondeurs plutôt que de se précipiter pour attaquer leurs proies. Elles seraient par ailleurs plutôt maladroites et sans grande force pour agripper solidement quoi que ce soit.

De nombreuses questions n'en demeurent pas moins en suspens. Combien d'espèces différentes y a-t-il dans les océans ? Combien de temps vivent-elles ? Que mangent-elles et à quelle fréquence ? En combien d'années deviennent-elles adultes ?

Pour cette dernière question, on peut raisonnablement supposer, vu la taille impressionnante de l'*Architeuthis*, qu'une période assez longue est nécessaire. Pourtant, l'étude d'autres poulpes révèle le contraire si bien que certaines personnes pencheraient aujourd'hui pour une durée de deux ans. Sa croissance serait parmi les plus rapides de tout le règne animal. Les scientifiques travaillent dur pour en savoir plus sur cet énorme habitant des profondeurs et collecter ainsi des informations sur d'autres espèces de poulpe géant.

Une maquette de l'Architeuthis exposée au musée d'Histoire naturelle de Londres.

Une qui les intéresse particulièrement est le *Mesonychoteuthis* ou « poulpe colossal ». Cette espèce serait encore plus grande que les *Architeuthis*. Des rumeurs circulent à son sujet depuis que l'on a retrouvé deux tentacules dans l'estomac d'un grand cachalot en 1925. En 2004, le cadavre d'un jeune était pêché au large de l'Antarctique. Les études ont montré que s'il avait atteint sa pleine maturité, il aurait mesuré environ 15 mètres de long.

Cette espèce pourrait bien être à l'origine de toutes les histoires terrifiantes sur les monstres marins à tentacules. À la différence de son vulnérable cousin qui se laisse dériver, le poulpe colossal est mortellement armé. Il possède une nageoire musclée et puissante ainsi que des crochets rotatifs le long de ses bras et de ses tentacules. Cette description pourrait correspondre aux cicatrices et aux marques laissées par les ventouses constatées sur les baleines qui partagent le même territoire que cette créature. Celle-ci est capable de frapper avec rapidité et une précision fatale pour la proie.

La plupart de ces postulats s'appuient sur des théories et sur l'étude d'autres espèces de poulpes. Les scientifiques pensent qu'il pourrait y avoir des espèces similaires parmi les géants attendant d'être découvertes dans le monde. Peut-être un jour la recherche leur permettra-t-elle d'apercevoir par eux-mêmes ces animaux vivants, les aidant ainsi à percer ce mystère aquatique.

D'ici là, il semblerait bien que nous en sachions plus sur les dinosaures depuis longtemps disparus que sur les impressionnantes créatures qui évoluent aujourd'hui dans nos océans.

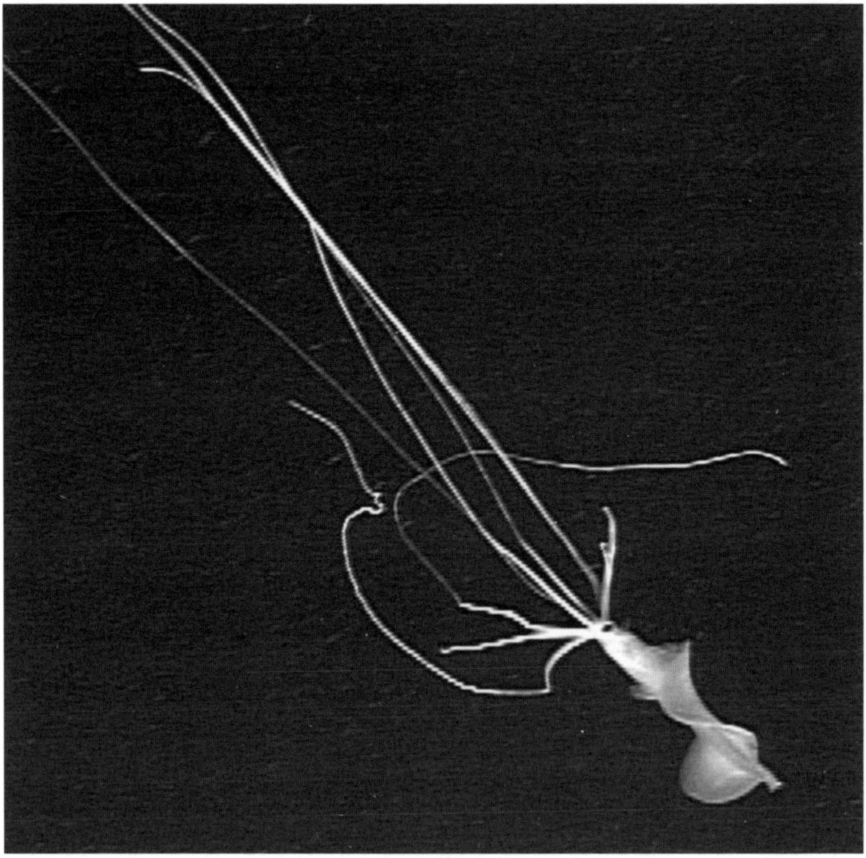

Ce poulpe long de 5,18 m vit à 3 048 m de profondeur au large de l'île d'Oahu. Les scientifiques pensent qu'il s'agirait d'une espèce non répertoriée.

LES MONSTRES DES LACS

D'après les légendes, de nombreux monstres apparentés aux reptiles évoluent dans les lacs et les rivières de notre planète. Le monstre du Loch Ness en fait partie. Ces récits fascinent petits et grands et continuent de susciter curiosité et controverse parmi les scientifiques.

Comparable à « Nessie », « Chessie » serait une longue créature-serpent à la peau sombre, aperçue à plusieurs reprises depuis le 19e siècle dans un lac à Chesapeake, aux États-Unis. Des touristes l'ont filmée et continuent à venir en nombre dans l'espoir d'entrapercevoir le mystérieux animal.

D'autres rapports sur « Chessie » émanent de sources respectées telles que des agents du FBI, d'anciens officiers de la CIA et des gardes-côtes. Bien que l'on possède une description assez précise de l'animal : corps d'environ 10 m de long, 30 cm de diamètre avec un dos bossu marron, personne n'a encore été en mesure de définir exactement le genre de reptile que cela pouvait être. Certains ont suggéré qu'il pourrait s'agir d'une espèce de dinosaure qui aurait survécu jusqu'à ce jour.

On raconte qu'un autre serpent habiterait les eaux du lac Champlain, à la frontière de New York et du Vermont. Affectueusement surnommé « Champ », l'animal fait parler de lui depuis 1609. Des tentatives menées pour localiser l'endroit exact du premier contact ont abouti à l'estuaire du Saint-Laurent. Le serpent aurait ensuite migré vers Port-Henry, où des habitants l'auraient aperçu en 1819 puis le shérif du comté de Clinton en 1883.

Le lac Champlain est régulièrement surveillé maintenant, ce qui déclenche la curiosité des gens. Beaucoup se déplacent dans l'espoir de voir la créature par eux-mêmes. Sandra Mansi était du nombre. Elle a eu la chance de pouvoir photographier l'animal et que des experts authentifient son cliché, écartant la thèse d'une tromperie ou d'un montage. Depuis, des témoignages non recoupés ont fait part d'une autre bête, plus petite, qui nagerait à côté de « Champ ». Les eaux du lac seraient-elles habitées et appréciées d'un couple de ces créatures ?

Cliché de « Champ » dans les eaux du lac Champlain, dans le nord-est des États-Unis.

Beaucoup de gens n'ont aucun doute sur l'existence de pareils animaux, mais cela n'apporte pas de réponse. Sont-ce des spécimens de plésiosaure, une espèce normalement éteinte ? Si oui, combien sont là ? Quelle est leur espérance de vie ? Et s'il s'agit bien de dinosaures des temps modernes, comment ont-ils fait pour survivre alors que tous les autres ont péri ?

Peut-être qu'à la lumière de ces rapports et témoignages, il serait temps de réétudier les théories concernant la disparition du plésiosaure. Le manque d'informations disponibles à la fois sur les versions éteinte et moderne de l'espèce ainsi que la rareté des comptes rendus rendent le travail des scientifiques ardu. À moins d'une découverte époustouflante, la vérité sur ces créatures aquatiques échappera encore longtemps à la curiosité des hommes.

LE BUNYIP

L'histoire de la Création d'après les aborigènes raconte qu'au plus profond de l'Australie se tient une mystérieuse créature du nom de « bunyip ». Elle habiterait et défendrait les lacs, les marais et les mangroves, quittant son refuge la nuit pour s'aventurer près des habitations humaines et se saisir des femmes et des enfants. À en croire les nombreuses légendes qui en parlent, son mugissement alors qu'il cherche ses proies le long des voies d'eau australiennes ferait froid dans le dos. Cette créature serait-elle simplement imaginaire, un avertissement symbolique des dangers très réels qui infestent les eaux intérieures du continent sous la forme des alligators, ou bien y aurait-il une pointe de vérité dans ces récits ?

Plusieurs descriptions du bunyip circulent parmi les tribus aborigènes. Parfois, il est couvert de plumes, selon d'autres d'écailles comme les sauriens. Presque toutes s'accordent en revanche pour lui attribuer la queue d'un cheval, des nageoires et des défenses semblables à celles d'un morse. Ces représentations contredisent celles des premiers colons européens. D'après eux, loin d'être une créature sauvage, le bunyip serait une sorte d'herbivore aquatique vivant dans l'eau et se nourrissant de l'herbe abondante des rives et des marais.

Ces récits suggèrent qu'il existerait en fait deux types de bunyip : le bunyip à face de chien et le bunyip au long cou. Le premier, le plus aperçu, posséderait, comme son nom l'indique, une face aux allures canines, un long pelage en bataille et de petites nageoires en forme d'ailes. Le second, couvert du même poil, aurait un cou plus allongé, une crinière de cheval, des défenses et des nageoires.

Les témoignages aussi bien écrits qu'oraux de rencontres avec des bunyips à face de chien abondent au 19e siècle et au début du 20e siècle. Ces contacts ont eu lieu à proximité de lacs, de rivières et de mangroves à travers toute l'Australie et en Tasmanie. À l'opposé, les récits concernant le bunyip au long cou se cantonnent à la Nouvelle-Galles du Sud.

Le nombre incroyable des comptes rendus et leur contenu concordant semblent sortir ces créatures hybrides du seul champ de l'imaginaire. Mais si elles appartiennent au monde réel, à quelle famille d'animal se raccrochent-elles et d'où viennent-elles ? Enfin, du simple point de vue de la conservation et de la cryptozoologie, que sont-elles devenues ?

Même si certains demeurent sceptiques, une théorie expliquant leur existence a particulièrement retenu l'attention des chercheurs. Le bunyip ressemblerait, d'apparence comme de comportement, à une créature supposée éteinte : le diprotodon, un marsupial herbivore de la taille d'un rhinocéros qui vivait sur le continent il y a 10 000 ans. Tout comme le bunyip, le diprotodon était aussi bien dans l'eau que sur terre. Dans ce pays riche en marsupiaux de tout genre, le diprotodon aurait-il évolué vers une sorte de marsupial-hippopotame : le bunyip ? Pour certains, ce serait envisageable, mais en général, les scientifiques écartent l'idée que des animaux de cette époque aient pu survivre jusqu'au 20e siècle.

Une autre théorie avance que le bunyip serait en fait un phoque et que le mystère viendrait de ce que les habitants de l'intérieur du continent n'auraient pas su l'identifier par méconnaissance de l'animal. Dans le même esprit, on a suggéré que les bunyips auraient pu être des phoques migrant dans les terres par les cours d'eau. Ils se seraient adaptés à leur nouvel environnement en remplaçant leur couleur laiteuse par une fourrure épaisse.

Toutes ces possibilités font l'objet d'un débat féroce. Si les bunyips n'étaient rien d'autre que des phoques, comment aurait-on pu les voir paître sur les terres ? Les phoques sont des mammifères marins qui se nourrissent de poissons, et non des ruminants herbivores capables de vivre dans les deux éléments à la fois. De plus, leurs caractéristiques physiques ne correspondent pas à celles du bunyip à long cou.

Les incertitudes sont légion et la vérité s'échappe en permanence. Cela fait plus d'un siècle que l'on n'a pas aperçu de bunyip. S'il existait vraiment, il a dû disparaître suite à l'évolution des marais et à la pollution.

Le seul endroit où cette créature énigmatique survit encore est l'imagination des gens et les traditions des régions où on l'a rencontrée.

LES OURS NANDI

De tous les animaux inconnus du continent africain, l'ours Nandi serait le plus féroce, et à ce titre le plus craint. Tous les peuples d'Afrique le connaissent et frémissent de terreur à son évocation, Occidentaux compris. Son existence demeure un mystère : s'agit-il vraiment d'un ours ou serait-ce un autre genre d'animal ? Et comment a-t-il réussi à échapper au recensement des scientifiques ?

On parle d'une bête tueuse, étrange et inconnue, qui rôderait autour des villages de la côte est du continent. Des indigènes, comme des blancs, l'ont comparée à une grande hyène, presque de la taille d'un lion, au pelage sombre, peut-être marron-roux. Il s'agirait d'une créature nocturne qui s'en prendrait sournoisement à l'homme, d'après les nombreux récits d'attaques subies par les témoins.

La presse kényane a publié des articles sur elle, dont un l'a rendue célèbre. Selon le journaliste, deux citoyens renommés, sortis au clair de lune, ont aperçu ce qui leur parut d'abord comme une lionne. Ils allaient rapidement revenir sur cette première impression. L'animal avait un museau et le dos qui descendait vers l'arrière-train comme chez un ours. Il avait aussi la même façon traînante de marcher et sa fourrure, épaisse, était sombre.

On sait, d'après les écrits de Pline et d'autres, que les ours étaient présents sur le continent africain à une certaine époque. Mais d'après les statistiques de démographie animale, aucun ours sauvage originaire de ces contrées n'y vivrait plus aujourd'hui. Par ailleurs, on ne dispose d'aucun élément qui pourrait nous donner de plus amples informations, même si des autochtones affirment en avoir tué par le feu et des Occidentaux en avoir tiré. Personne n'est capable d'apporter une identification claire et certaine de l'animal.

L'espèce qui vivait sur le continent au paléolithique se serait éteinte. Mais l'allure de l'animal, son comportement et sa faculté à se dresser sur les pattes arrière suggèrent bel et bien un ours. Cette espèce supposée disparue aurait-elle pu survivre d'une manière ou d'une autre et échapper aux scientifiques ?

L'ours dit de l'Atlas correspond aux descriptions modernes de l'ours Nandi. La concordance soulève néanmoins un certain nombre de questions. La plus importante est que les fossiles du premier ne se trouvent qu'en Afrique du Nord tandis que le second est uniquement localisé en Afrique de l'Est. Rappelons par ailleurs qu'aucun reste de son squelette n'a encore été mis au jour et que l'ours de l'Atlas est le seul connu à avoir vécu sur le continent. Il paraît peu probable que les deux espèces aient été totalement différentes.

Peut-être après tout ne s'agit-il pas d'un ours ? Beaucoup croient en une sorte d'énorme hyène assoiffée de sang, non encore répertoriée ou bien survivante des temps préhistoriques.

Pour appuyer cette hypothèse, il y a ce squelette de hyène à courte gueule et de la taille d'un lion, que les archéologues ont trouvé et daté du paléolithique.

D'autres encore évoquent plutôt un chalicothère, animal à l'arrière-train fuyant, apparenté au cheval mais qui aurait des griffes au lieu de sabots. Il aurait disparu à la même période que la hyène précitée. Sa description concorderait avec celle de l'ours Nandi sauf sur un point fondamental : comme tous les équidés, cette bête était herbivore alors que l'ours Nandi est un tueur vicieux.

La tribu des Nandis, dont l'ours tire son nom le plus usité, parle quant à elle d'un primate ressemblant au babouin. Les babouins sont omnivores, connus pour attaquer sauvagement d'autres animaux, comme de petits singes ou les moutons, et ils peuvent se tenir sur leurs pattes arrière. Là où le comportement des deux « espèces » diffère, c'est que le babouin vit en groupe et le jour. Cette réserve tend à disparaître si l'on accepte l'hypothèse d'une légère mutation génétique.

Sur la base des fossiles de babouins géants et des descriptions faites par les Nandis, les chercheurs considèrent aujourd'hui comme sérieuse l'idée que l'ours Nandi soit un babouin d'une espèce à ce jour inconnue. Sinon, l'autre option toujours possible est qu'il s'agit d'un survivant préhistorique.

Jusqu'à ce que des recherches plus approfondies soient menées ou qu'un spécimen soit capturé, scientifiques et cryptozoologues ne peuvent identifier l'animal avec certitude. À peine commencent-ils à percer l'énigme de ses origines.

L'ORANG-PENDEK

Les histoires de mystérieux grands singes sont légion. L'existence supposée du Yéti ou de Bigfoot stimule l'imagination des hommes depuis des années. Elle leur offre aussi d'innombrables sources de débats et d'intrigues. Mais récemment, une créature a davantage focalisé l'attention sur elle. Il s'agit de l'orang-pendek ou « petit homme ».

De nombreuses sources évoquent l'animal, les plus notables venant des populations de Sumatra, qui l'ont adopté comme faisant partie intégrante de leur environnement, très varié. Ils le décrivent comme une créature qui ne tue que de petits animaux pour se nourrir. Il n'a jamais attaqué l'homme, si bien qu'il n'est pas considéré comme une menace ; les habitants le laissent vivre en paix.

L'orang-pendek serait petit, entre 70 et 150 cm, et marcherait debout. Il aurait une peau marron-rose, un pelage sombre et court, avec une crinière flottant autour de sa face. Ses bras, à l'inverse des autres grands singes, seraient plus courts que ses jambes et son allure globale plus proche de l'homme que de ses cousins animaux.

De nombreuses empreintes ont été découvertes au fil des années et utilisées pour prouver son existence. Bien qu'elles ressemblent aux traces de pas d'un enfant d'environ sept ans, elles sont plus larges et s'achèveraient en pointe à l'arrière, d'après certains témoignages.

Aux récits des autochtones s'ajoutent ceux des explorateurs occidentaux, qui corroborent l'histoire. La première fois qu'un blanc aurait aperçu l'orang-pendek remonte à 1910. L'homme le décrivit comme suit : « une créature de bonne carrure, basse sur ses jambes, qui courait comme un homme et allait croiser mon chemin ; elle était très poilue mais ne ressemblait pas à un orang-outan ; son visage n'était pas non plus celui d'un homme ordinaire ». Cette image recoupe le portrait tracé par un chasseur hollandais treize ans plus tard. Ce dernier avait précisé qu'il n'avait pas tiré sur la bête en raison de son apparence trop humaine.

Plus récemment, à la fin des années 1980, l'orang-pendek a connu un regain d'intérêt suite aux trouvailles de l'écrivain et voyageuse Deborah Martyr. Au début sceptique, elle est devenue l'un des témoins les plus fiables et crus sur le sujet, après qu'elle a étudié des empreintes et aperçu l'animal à plusieurs reprises.

Dix ans plus tard, devant la multiplication des photographies de mauvaise qualité, il fut décidé qu'il fallait des preuves plus incontestables que ces images trop floues ou trop sombres pour démontrer quoi que ce soit. Des expéditions sont donc parties dans les marais de Sumatra pour trouver cette preuve irréfutable. Elles en sont revenues avec des poils, des matières fécales, des empreintes et une photo nette, indiscutable. Autant d'éléments établissant que cette créature existe et qui permettront aux scientifiques de déterminer s'il s'agit d'une espèce de grand singe inconnue jusqu'alors.

La question qu'ils se posent aujourd'hui est de savoir si l'orang-pendek a un quelconque lien avec les restes de minuscules hominidés trouvés dans une grotte de l'île indonésienne de Flores. Ces petits hommes, surnommés « hobbits » en raison de leur stature, vivaient et chassaient sur cette île il y a 18 000 ans. Se pourrait-il que l'orang-pendek ne soit pas un grand singe mais plutôt une branche annexe de l'espèce humaine ?

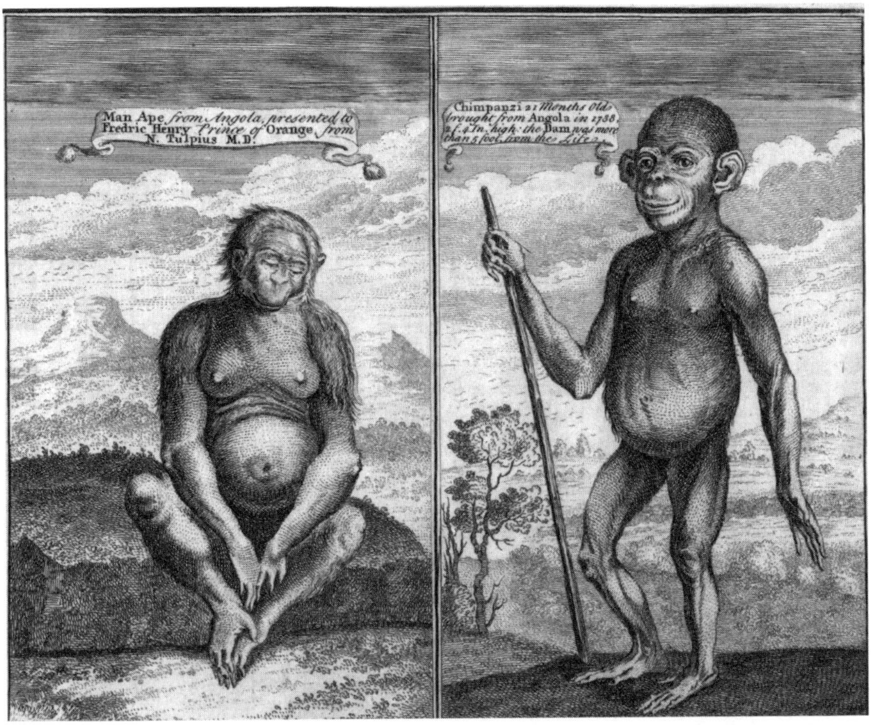

Deux singes capturés et montrés au prince Guillaume d'Orange vers 1800. Celui de gauche était appelé « homme-singe ».

D'autres preuves devront être avancées pour que son énigme soit définitivement résolue.

LE KONGAMATO

Les dinosaures se sont éteints il y a des milliers d'années. Pourtant, d'étranges histoires circulent en Zambie, qui pourraient bien suggérer le contraire.

Les récits des Zambiens évoquent des reptiles volants et féroces, qui ressembleraient au ptérosaure, une espèce de dinosaure disparue. Leurs allégations ont tellement intrigué le public que l'explorateur Frank H.

Welland s'est enfoncé, en 1932, dans les marais de Jiundu, dans le district de Mwinilunga, à l'ouest du pays, afin d'aller voir de près ce qu'il en était. Les autochtones lui décrivirent précisément les monstres : des oiseaux rouges, d'une envergure d'un à deux mètres, avec de longs becs hérissés de dents et du cuir à la place des plumes. Ils appelaient ces créatures les « kongamatos », ce qui veut dire « naufrageurs de bateaux » puisqu'ils faisaient souvent chavirer les petites embarcations en les attaquant, tuant parfois les occupants. Les villageois étaient tellement effrayés qu'ils pensaient qu'un seul regard sur la créature suffisait à provoquer la mort. Welland rendit compte de leurs récits dans son ouvrage *In Witchbound Africa*. Le livre reçut un excellent accueil car il révélait aussi que ces natifs avaient unanimement, et sans hésitation, identifié un kongamato dans les dessins de ptérosaure que Welland leur avait montrés.

Représentation d'un ptérodactyle, sorte de ptérosaure qui vivait à la préhistoire.

Beaucoup mirent en doute leurs affirmations, suggérant que les Zambiens avaient obtenu la description du dinosaure volant de personnes qui avaient travaillé sur le site de fouilles où l'on avait découvert des fossiles de ptérosaures quelques années plus tôt. Ce contre-argument pose quelques problèmes.

Est-il vraiment possible qu'une description aussi précise ait voyagé du site des fouilles, en Tanzanie, vers la Zambie, soit 900 km de distance, sans subir d'altérations ? Ensuite, même si cela était le cas et que les Zambiens aient entendu parler de ce squelette, comment auraient-ils pu donner des détails sur la peau et l'absence de plumes ? Enfin, si ces visions de la créature n'étaient que le produit d'imaginations débordantes, pourquoi n'ont-elles pas eu lieu sur le site des fouilles plutôt qu'au fin fond de la Zambie ?

De fait, on continua de voir ces créatures. Un fonctionnaire vivant en Afrique a ainsi raconté au correspondant d'un journal anglais, M. G. Price, qu'un autochtone s'était remis d'une blessure presque fatale à la poitrine, reçue d'un énorme oiseau à long bec alors qu'il explorait les marais tant craints.

De telles histoires ne se limitent cependant pas aux marécages zambiens. L'une d'entre elles a été rapportée par le célèbre zoologue et écrivain Ivan Sanderson, alors qu'il dirigeait une expédition dans les montagnes Assumbo du Cameroun, pour le compte du British Museum. Il décrit comment, alors qu'il était parti chasser, il abattit une roussette au-dessus de la rivière. Pataugeant dans le courant rapide pour récupérer au plus vite sa chauve-souris, il perdit l'équilibre et tomba. Se redressant, il entendit un cri d'avertissement de son acolyte et vit avec horreur une monstrueuse créature noire qui fonçait sur lui à grande vitesse depuis le ciel.

Sanderson plongea dans la rivière pour échapper à l'oiseau géant et regagna la rive. La créature revint à la charge, plongeant sur lui et son camarade. Ils se jetèrent à terre, uniquement conscients du puissant battement d'ailes du monstre. Heureusement, ce dernier repartit dans la nuit, laissant les deux hommes retrouver la sécurité de leur campement. Là, ils racontèrent leur mésaventure aux locaux, en leur demandant s'ils connaissaient cette chose. Tous s'enfuirent, terrorisés, sans répondre.

Sanderson réfléchit à ce qu'ils avaient vu. Il avait eu assez de temps pour observer le physique de l'animal et grâce à son expertise zoologique, il fut capable d'en donner une description précise : il parle d'une taille similaire à celle d'un aigle, avec des dents aiguisées en demi-cercle sur la mâchoire inférieure. Cela correspondait non seulement avec les autres témoignages mais aussi avec l'apparence du ptérosaure. Le zoologue avait d'ailleurs remarqué que, tout comme le dinosaure, la créature ressemblait à une chauve-souris. En dépit de cette constatation, il écarta l'hypothèse d'une roussette puisqu'elles ont la réputation de ne pas attaquer l'homme.

Le capitaine C. Pitman eut vent d'histoires comparables arrivées en divers points d'Afrique, sur le Kilimandjaro ou le mont Kenya, en 1942. Toutes évoquaient un énorme oiseau-chauve-souris qui laissait des traces derrière lui – cela laissait entendre que la créature possédait une queue assez longue pour traîner sur le sol. Dans son livre *A Game Warden Takes Stock*, le capitaine racontait aussi que ces créatures étaient censées se nourrir de chair humaine en décomposition, d'où la nécessité d'enterrer profondément ses morts. Une autre publication rend également compte de récits sur l'animal : dans *Old Fourlegs*, le docteur J. L. Smith, expert en fossiles, parle des « dragons volants » de la région du Kilimandjaro.

De nos jours, la créature continuerait à se montrer dans des parties reculées de l'Afrique. En 1998, un étudiant kényan, Steve Romandi-Menya, déclara que tous les habitants de la savane connaissaient l'existence du kongamato. De plus, tous les témoins à qui l'on a demandé de dessiner la bête ont immanquablement reproduit un ptérosaure.

Quelles sont ces mystérieuses créatures ? Pas des dinosaures, d'après les sceptiques, car il leur aurait été impossible d'être encore en vie aujourd'hui. Les témoignages et sources fiables indiquent pourtant le contraire. Le débat et la controverse sont toujours ouverts à ce jour.

MOKELE-MBEMBE

Pendant des siècles, les Africains vivant dans les profondeurs de la jungle ont parlé d'une grosse bête aquatique inconnue de la science occidentale. Si la créature porte plusieurs noms et s'est montrée de nombreuses fois aux populations locales, on attend encore qu'elle soit formellement identifiée ou photographiée par quelqu'un d'étranger à la région. Si bien que la question demeure : existe-t-elle vraiment et si oui, qu'est-elle ?

Les voyageurs qui traversaient l'Afrique à la Belle Époque entendaient beaucoup de légendes sur d'étranges bêtes, dont la plupart nous sont aujourd'hui aussi familières que des animaux domestiques. L'une revenait souvent : celle d'une tribu qui partageait son territoire avec des créatures de la taille d'un éléphant, vivant dans l'eau, et dotées d'un long cou et d'une queue. Elles laissaient des empreintes rondes marquées de trois griffes sur le bord des rivières.

En 1932, un cryptozoologue, Ivan Sanderson, déclara que ces empreintes ressemblaient à celles d'un hippopotame. Cependant, aucun ne vivait dans la région. Discutant de sa trouvaille avec les natifs, il apprit que l'animal en question s'appelait « mbulu-eM'bembe ». Plus tard ce jour-là, il l'aperçut dans l'eau, plus gros qu'un hippopotame, mais la bête plongea avant que le scientifique n'ait eu le temps de mieux l'observer.

Les tribus pygmées de la région de Likouala, en République démocratique du Congo, connaissent aussi la créature. Là-bas, elle porte le nom de « mokele-mbembe », qui signifie « arc-en-ciel », « celui qui arrête le cours d'eau » ou « animal monstrueux » selon la personne qui en parle. Ils la décrivent comme un herbivore sans fourrure, avec une peau grise ou marron-rouge, un cou de plus de 3 m de haut et immense, d'autant plus sans doute qu'ils sont de petite stature. Il est intéressant de noter que leurs représentations recoupent celles de Sanderson.

Depuis 1932, beaucoup de chercheurs et d'explorateurs ont arpenté ces régions dans l'espoir d'apercevoir ces monstres insaisissables. Sans succès, même si, d'après les autochtones, une bête au long cou et à queue a été tuée près du lac Télé en 1959. Si cette mystérieuse créature existe bien, à quel genre animal appartient-elle ? Les témoignages orienteraient plus l'enquêteur vers un dinosaure sauropode.

Pour en avoir le cœur net, l'explorateur américain James Powell se rendit sur place avec une représentation d'un sauropode. Il la montra aux tribus locales qui disaient avoir vu l'animal, toutes confirmèrent que mokele-mbembe correspondait à l'image.

Les dinosaures auraient disparu voilà des millions d'années, comment un sauropode aurait-il survécu là où tous les autres se sont éteints ? Une des explications tiendrait à la similitude d'environnement entre son habitat originel et l'actuel qui, entre tous, se rapproche sans doute le plus des conditions de la préhistoire. On dit aussi que sa timidité naturelle l'aurait préservé d'yeux curieux, inquisiteurs et potentiellement dangereux.

Au-delà même de leur nature intrinsèque, ces bêtes mystérieuses occupent une place centrale dans le débat de la cryptozoologie. Car si elles existaient et qu'on le prouve, cela remettrait en cause des siècles de réflexions sur l'histoire naturelle de notre planète et notre propre évolution.

CHUPACABRA

Du sud des États-Unis à l'Amérique latine court une étrange rumeur sur une bête qui défierait l'entendement. Connue sous le nom de « chupacabra » (« suceur de chèvres »), elle arpenterait les rues, tuant le bétail et terrorisant la population. Existe-t-elle vraiment et si oui, d'où vient-elle ?

Bien que les premiers rapports à son sujet remontent aux années 1970, le nom de « chupacabra » lui a été donné vingt ans plus tard à Porto Rico, suite à la mort mystérieuse d'animaux, en particulier des chèvres. Les fermiers qui avaient perdu du bétail ne comprenaient pas la nature de l'attaque. Contrairement aux prédateurs habituels, celui-là n'avait pas essayé de manger ses proies ou de les tirer à part pour s'en régaler plus tard. Le seul indice sur la cause de la mort était une incision à la base du cou des animaux : on les avait vidés de leur sang.

L'horrible nouvelle se répandit comme une traînée de poudre : il s'agissait d'une créature vampirique. *UFO Magazine* lui attribua un tableau de chasse de 2 000 animaux en deux ans, de Miami et du Texas jusqu'au Chili en passant par le Mexique et Porto Rico. De nombreuses personnes disent l'avoir vue mais les descriptions diffèrent beaucoup et aucune photographie n'a encore surpris le suceur de chèvres.

Certains témoins affirment qu'il s'agit d'un petit animal volant, hybride, un genre de croisement entre l'extraterrestre et le dinosaure, avec des plumes dans le bas du dos et sans queue. D'autres parlent d'un mélange entre un grand singe, un humain et un oiseau, haut d'un mètre, avec des yeux rouges, une peau grise, des bras poilus, des crocs et deux mètres d'envergure d'ailes. On dit aussi que la bête ressemblerait à une panthère avec une longue langue et des crocs, ou alors à une petite créature qui sautille sur le sol, laissant dans sa trace de l'acide sulfurique.

Son apparence n'est que l'un des nombreux débats qui ont lieu autour de son nom. Le plus important concerne son origine : d'où vient-il et pourquoi est-il là ?

Parmi la pléthore de théories, trois se distinguent par le nombre de leurs partisans. La première opte pour une espèce de dinosaure non identifiée qui aurait réussi à traverser les millénaires. La deuxième évoque une sorte d'animal familier extraterrestre, abandonné par ses maîtres lors d'une de leurs expéditions sur notre planète. La troisième, enfin, considère que cette « anomalie biologique » (dont la liste est bien connue des adhérents de l'UFO) est le résultat désastreux d'une expérience génétique visant à combiner les gènes d'un extraterrestre avec ceux d'un animal terrestre.

Quant à savoir si ladite expérience était menée par les hommes ou par les êtres venus de l'espace, la controverse reste entière, alimentée par les résultats d'analyse du sang prélevé sur le cadavre d'un supposé chupacabra. Le rapport conclut que l'échantillon n'a rien à voir avec le sang d'un animal terrestre quel qu'il soit.

Entre le résultat d'une manipulation génétique rendue possible par les progrès de la science et le fait que l'animal viendrait de l'espace, le choix n'est pas évident car l'identité de l'animal demeure obscure. Dinosaure non répertorié, créature extraterrestre ou spécimen des derniers progrès génétiques, aurons-nous jamais la réponse ? La spéculation continue dans l'attente d'une preuve irréfutable.

LE DIABLE DE JERSEY

Presque toutes les sociétés et les religions du monde abordent la question du Mal. Et quel symbole l'incarne le mieux sinon la figure malveillante du diable ? De tout temps, l'humanité a cherché à savoir pourquoi il existait et s'il s'agissait d'un personnage purement mythique ou bien réel. Une créature d'un autre monde, aperçue dans le New Jersey, pourrait bien lever l'incertitude.

Les sources abondent sur les origines de la bête, même si aucune n'a été prouvée. Ces histoires abordent généralement les mêmes thèmes à quelques détails près de dates, de localisations, de parentèles ou bien d'apparence du démon. Le point commun le plus général est « Leeds ».

Dans la légende la plus populaire, le démon serait né à Leeds Point d'une certaine Mme Shrouds qui fit un jour un vœu de mauvais augure : si elle retombait enceinte, elle voulait que l'enfant fût un diable. Imaginez son horreur lorsqu'elle attendit un bébé peu de temps après. Le garçon qui vint au monde était frappé de terribles difformités, si bien qu'elle le garda à la maison, loin des regards inquisiteurs. Un jour, l'enfant se mit à battre des bras, lesquels soudain se transformèrent en ailes de chauve-souris. Il s'envola dans la nuit par la fenêtre ouverte pour ne plus jamais revenir.

Un autre récit parle d'une jeune fille de Leeds Point qui aima un soldat anglais et tomba enceinte. Il lui brisa le cœur le jour où il partit avec sa division. On évita la demoiselle et elle fut maudite par la communauté. Neuf mois plus tard, elle donna naissance au diable.

Si les opinions divergent quant à la conception et à la naissance du diable, il n'en va pas de même sur ses apparitions. Plus de 2 000 personnes l'auraient vu en 260 ans. Il aurait causé des ravages dans les bourgades entourant la sapinière du New Jersey. Usines et écoles ont fermé par sa faute et des communautés entières ont vécu dans la peur.

Ses manifestations peuvent se regrouper en trois périodes : avant 1909, la semaine du 16 au 23 janvier 1909 et après cette année-là. Toutes sont confirmées par des témoignages écrits de première main.

Avant 1909, les rencontres avec la bête étaient fréquentes. Parmi les témoins, on compte même Joseph Bonaparte (frère de Napoléon et ancien roi d'Espagne) ainsi que l'officier Stephen Decatur, qui d'ailleurs tira au canon sur la créature ailée sans lui faire apparemment le moindre mal. À partir de 1840-1841, de nombreux animaux de ferme furent tués par une chose inconnue, au cri glaçant et inhumain, qui laissait derrière elle des traces.

Le siècle avançant, les cas se multiplièrent. Des animaux étaient emportés par un mystérieux prédateur. En visite dans la région, le maire de New York remarqua que les habitants paraissaient terrifiés et qu'ils refusaient de sortir de chez eux après la nuit tombée.

Puis vint la semaine fatidique, qui concentra le plus grand nombre d'apparitions jamais enregistrées jusque-là. Entre le 16 et le 23 janvier 1909, 1 000 personnes virent le diable, qui laissa des indices dans tout le sud du New Jersey et à Philadelphie. Même s'il existe quelques variantes dans les déclarations de cette semaine-là, toutes s'accordent à dire que la créature volait, que son cri vous glaçait le sang et qu'elle avait laissé d'étranges empreintes dans la neige. Les trappeurs ont été déconcertés par celles-ci. Ils n'en avaient jamais vu de semblables et n'en revenaient pas de constater que la piste passait par-dessus les maisons et les arbres. Il fut impossible de pourchasser la bête, les chiens refusant d'approcher ses traces.

Le contact visuel le plus proche et le plus prolongé avec elle eut lieu à Gloucester, près de la maison de M. et Mme Evans. Le couple l'observa pendant dix minutes : elle avait la tête d'un colley mais le visage d'un cheval, mesurait environ un mètre, avait un long cou et de grandes ailes ouvertes. Elle marchait debout sur des jambes semblables à celles d'une grue mais qui se terminaient par des sabots et non des griffes. Cette qualité d'hybride se retrouve dans d'autres récits parlant d'un étrange oiseau à tête de cheval et aux yeux rougeoyants.

Durant toute la semaine, la créature fut aperçue à la fois dans les airs et sur terre, frappant de terreur la population et donnant lieu à toutes les spéculations. On essaya bien de la capturer ou de la tuer à de nombreuses reprises, mais elle s'échappa toujours.

Depuis 1909, les apparitions se sont espacées. Ce déclin peut être attribué à une société plus cynique, dans laquelle les gens répugnent à parler de leurs angoisses par peur du ridicule. Cela n'empêche pas les théories de foisonner. Certains pensent qu'il s'agit d'une espèce de canard, bien que cela ne s'accorde pas avec la taille de la bête évoquée par les témoins. D'autres pensent à une grue cendrée, espèce qui a déserté la région depuis plusieurs années. S'il existe des similitudes entre la taille ou le comportement de certains animaux et la créature démoniaque, il n'y a toujours pas d'explications pour la tête de cheval, les ailes de chauve-souris, les yeux rouges ou encore les attaques d'animaux domestiques.

Une hypothèse scientifique avance que ce diable pourrait être une réminiscence du jurassique, comme un ptérodactyle par exemple, parvenu jusqu'à nous en se cachant sous terre ou dans une grotte. Acceptant cette éventuelle probabilité, il n'en demeure pas moins qu'aucun dinosaure de cette période ne correspond aux descriptions de la créature.

Les plus superstitieux pensent que cette bête est l'incarnation du Mal, le signe avant-coureur de mauvaises nouvelles ou de conflits imminents. Les dates de certaines apparitions corroborent cette idée : il y en a eu peu avant la guerre de Sécession, la guerre américano-espagnole, les deux guerres mondiales et celle du Vietnam.

L'existence de cette créature intrigante ne fait aucun doute, quels que soient son origine ou son objectif. La fréquence des témoignages et leur fiabilité sur une longue période excluent la possibilité d'un simple mythe et les différences dans les détails physiques la concernant rendent impossible la supercherie. Par ailleurs, il semblerait que la bête ait bien l'intention de rester là. Le New Jersey spécule maintenant sur sa prochaine apparition.

SKINWALKERS

L'Utah est le théâtre de bien des phénomènes surnaturels et le lieu de résidence d'êtres étranges. Le plus terrifiant d'entre eux est peut-être le skinwalker ou wendigo, dont l'existence continue de mystifier et de déconcerter les habitants de cette partie des États-Unis.

D'après une légende indienne, les skinwalkers sont des sorciers navajos qui peuvent changer leur apparence et qui errent dans la campagne, terrorisant hommes comme animaux. Ils peuvent prendre la forme de n'importe quelle bête, n'importe quand, arborant à merveille les attributs et caractéristiques inhérents à la créature qu'ils revêtent, tout en conservant une ruse spécifiquement humaine.

Cette capacité de combiner l'intelligence humaine aux avantages physiques et sensoriels d'un animal spécifique fait des skinwalkers des ennemis formidables et respectés. En plus de leurs connaissances d'homme, ces sorciers sont détenteurs de pouvoirs qui sortent de la sagesse commune. Ainsi, celui qui s'est transformé en coyote possédera la remarquable agilité, la force et la vitesse de cet animal, les pouvoirs obscurs du contrôle de l'esprit et des connaissances en matière d'ensorcellement et autres savoir-faire occultes.

La tradition indienne rapporte que les skinwalkers ne choisissent pas leurs métamorphoses et que chaque transformation leur cause d'immenses peines et tourments. Peut-être est-ce la raison pour laquelle ils font preuve de tant de férocité à l'encontre des créatures qui les entourent, jaloux de leur chance de ne pas être affectés par ce processus, s'affranchissant ainsi du tourment perpétuel de ces mutations.

Du fait de leur changement d'état constant, on connaît très peu de choses sur les origines et les habitudes de ces sorciers. Beaucoup croient qu'ils sont liés à une région appelée « Skinwalker Ridge » (la crête du Skinwalker) laquelle, d'après les amateurs d'extraterrestres, serait proche d'une région où les OVNI sont très actifs et que les Indiens évitent scrupuleusement. Cette région pourrait-elle être une porte ouverte sur une autre dimension d'où viendraient ces sorciers ? Certains le croient.

De nombreux rapports parlent de ces êtres étranges. Les Navajos font état d'une créature aux yeux jaunes et brillants qui a la capacité d'infliger les pires terreurs même aux plus courageux d'entre eux. Quoi qu'il en soit, ces rencontres ne leur sont pas exclusives comme le montrent les événements de 1983. Cette portion isolée de la route 163 qui traverse le parc tribal navajo de Monument Valley, bien qu'étonnamment belle, est réputée pour être le théâtre d'activités d'outre-monde, la population locale conseillant aux visiteurs de ne pas s'y aventurer à la nuit tombée.

Quatre membres d'une même famille revenaient du Wyoming où ils avaient rendu visite à des amis. L'itinéraire le plus direct leur fit prendre cette route. Le trajet aller s'étant déroulé sans incident, ils empruntèrent le même pour le retour sans aucune inquiétude particulière. Par cette nuit d'été noire et sans lune, ils avaient déjà conduit depuis de nombreuses heures sans rencontrer âme qui vive. Alors qu'ils progressaient de manière régulière, le père fit remarquer qu'ils n'étaient plus seuls. Regardant derrière elle, la famille entière aperçut des phares au loin.

Gardant un œil sur ces lumières, ils continuèrent leur trajet tout en se considérant rassurés à la pensée de bénéficier ainsi d'une assistance rapide en cas de problème mécanique. Mais soudain, les lumières de l'autre véhicule disparurent. Inquiète, Frances, la fille, demanda à ses parents s'ils ne devaient pas faire demi-tour pour éventuellement prêter assistance aux occupants de l'autre voiture. Soucieux de ne pas prolonger un trajet déjà pénible, le père insista au contraire pour qu'ils continuent leur route. Frances reconnut après coup que c'est à partir de ce moment-là que l'atmosphère devint angoissante à l'intérieur comme à l'extérieur du véhicule. Son sixième sens ne lui fit pas défaut car quelques minutes plus tard, alors qu'ils ralentissaient pour prendre un virage serré, le père aperçut quelque chose le long de la route. Criant de surprise, il lutta pour conserver le contrôle de son véhicule presque au point de quitter la route. Alarmé par son cri, le reste de la famille verrouilla les portières, agrippant fermement les loquets, même si personne ne se doutait encore des raisons qui l'avaient poussé à crier de la sorte. Tout devint clair au moment où il écrasa la pédale de frein pour ne pas que le véhicule bascule le long d'une pente abrupte.

La famille aperçut alors une créature comme elle n'en avait encore jamais vu, sautant en direction de leur voiture. Bien que vêtue comme un homme, elle ne pouvait en aucun cas être qualifiée d'être humain. Décrivant après coup les événements à un ami navajo, Frances raconta que la bête était noire et très poilue, avec de longs bras qui s'accrochaient au côté de la voiture. Un visage angoissé les fixa durant plusieurs secondes avant qu'ils ne parviennent à prendre la fuite par la route. Ayant enfin atteint la ville suivante et donc la protection relative d'un retour à la civilisation, la famille se sentit capable d'évoquer de vive voix l'événement dont tous avaient été les témoins.

Secoués, ils furent désireux de rassembler toutes les preuves qui pourraient démontrer que ce n'était pas leur imagination qui leur jouait des tours. Ils entreprirent donc une inspection minutieuse de leur voiture. D'une manière incroyable, ils ne décelèrent aucune trace ou marque apparente sur l'épaisse couche de poussière accumulée par le véhicule au cours de son long trajet. Aucun signe non plus dans la ville du véhicule qui les avait suivis puis avait disparu.

Les récits de rencontres avec des skinwalkers sont fréquents chez les Navajos, mais il est intéressant de noter que pour celle-là, il s'agit d'une famille non indienne. Pourquoi ces personnes furent-elles choisies par ces étranges êtres surnaturels ? Que leur voulaient-ils ?

Ces curieux sorciers dotés du pouvoir de métamorphose ont soulevé de grands débats dans cette région comme dans le reste du monde. Les autres créatures partageant des caractéristiques similaires de transformation sont les loups-garous d'Europe, qui possèdent la même aptitude à terroriser tout observateur malchanceux.

L'origine de ces créatures malfaisantes et les buts qu'elles poursuivent restent sujets à intense controverse et, jusqu'à l'apparition d'autres preuves, le mystère demeurera entier.

OVNI

Beaucoup croient qu'il existe dans l'univers une intelligence et une vie développées à un niveau très sophistiqué. Partout dans le monde, on dit avoir aperçu des OVNI, mais jamais plus qu'aux États-Unis, actuellement la nation technologiquement la plus avancée de la planète. Se pourrait-il que ces visions représentent une peur typiquement moderne de la destruction technologique ou s'appuient-elles plutôt sur quelque chose de plus ancré dans la réalité ? Depuis que le premier OVNI a été vu, leur nombre n'a cessé d'augmenter. Nos propres pas dans le système solaire auraient-ils éveillé l'attention d'autres espèces plus intelligentes ?

LES ENLÈVEMENTS PAR LES EXTRATERRESTRES

Depuis la Seconde Guerre mondiale, les rencontres avec les extraterrestres compteraient parmi les formes de contact paranormal les plus courantes, notamment les enlèvements. Beaucoup de gens ont raconté leur propre expérience, provoquant une énorme controverse sur l'hypothèse extraterrestre. De tels êtres existent-ils vraiment ou y a-t-il d'autres explications pour ces événements ?

Les nombreux comptes rendus d'enlèvements par des extraterrestres partagent un certain nombre de points communs, ce qui leur donne de la crédibilité. Un grand nombre des kidnappés disent avoir été piégés dans un halo de lumière vive et transférés de leur environnement normal aux confins d'un vaisseau spatial. Une fois avec les extraterrestres, ils auraient subi une batterie d'expérimentations physiques. Beaucoup parlent de communication télépathique avec leurs hôtes temporaires.

Alors que certains gardent le souvenir d'une expérience particulièrement pénible, leurs réponses à la douleur et à d'autres sortes de stimuli plus inhabituels étant testées, d'autres ont rapporté un grand sentiment d'empathie et d'intelligence envers leurs ravisseurs. Un sentiment commun se dégage : celui que les extraterrestres sont venus sur Terre pour intervenir dans ses problèmes et ses conflits et empêcher ainsi l'humanité de s'autodétruire.

Certains comptes rendus, plus sombres, décrivent comment de petits appareils ont été implantés dans le corps du kidnappé, souvent placés dans le cerveau par le nez et la bouche. D'autres encore parlent de stimulation des organes reproducteurs, ce qui a amené l'idée d'une espèce hybride extraterrestre-humain voire des théories du complot (les extraterrestres auraient infiltré les gouvernements les plus puissants de la planète).

Bien que les caractéristiques communes fondamentales de ces récits ajoutent de la crédibilité à la théorie extraterrestre, certains facteurs suggèrent néanmoins le contraire.

D'abord, beaucoup des kidnappés étaient seuls au moment de l'incident, ce qui signifie qu'il est extrêmement difficile de corroborer leurs histoires. Ensuite, beaucoup d'extraterrestres de types différents ont été soi-disant rencontrés. Le plus souvent décrit est le « Gris » (petit homme gris à grosse tête et aux yeux démesurés), mais d'innombrables formes, tailles et couleurs ont été observées selon l'origine des présumés extraterrestres.

Bien qu'il soit théoriquement possible pour une espèce intelligente de contacter la Terre, il a été souligné que les probabilités pour que plusieurs espèces différentes entreprennent le même genre d'enlèvement sont évidemment très faibles.

De fait, il manque une preuve matérielle, autre que la soi-disant autopsie filmée depuis la mystérieuse affaire Roswell. Les sceptiques ont proclamé que l'enlèvement extraterrestre n'est rien de plus qu'un conte moderne. Notre ancien folklore contient de nombreuses histoires d'enlèvements par d'étranges créatures mythiques, telles que les fées ou les gobelins, certaines d'entre elles ressemblent à s'y méprendre à ces histoires d'enlèvements extraterrestres. Les deux impliquent par exemple la distorsion du temps, durant lequel les kidnappés se sentent comme s'ils étaient partis pendant plusieurs heures alors qu'ils sont rendus à leur ancien environnement seulement quelques minutes après leur départ.

On a souligné que l'extraterrestre pourrait bien n'être qu'une version améliorée de ces êtres mystiques, né à la fois d'une fascination humaine pour la superstition et le fantastique et de l'avancement technologique. Avant la conquête de l'espace, il y avait très peu d'activité extraterrestre signalée sur Terre.

On a aussi suggéré que les enlèvements extraterrestres ne sont pas vraiment le résultat d'une force extérieure, mais dérivent plutôt du subconscient collectif. Cela ne rend pas ces expériences moins mystérieuses pour autant, mais pourrait expliquer les nombreuses incohérences entre les histoires, telles que les profondes différences entre les espèces extraterrestres rencontrées. Si ces voyages n'ont pas vraiment lieu dans la réalité physique mais arrivent plutôt dans un « espace intérieur », quelles en sont les conséquences ?

Les comptes rendus des kidnappés ont beaucoup en commun avec les rapports sur les individus qui ont vécu une transe hallucinatoire profonde. Les premiers décrivent des modalités de communication télépathique avec leurs ravisseurs et ceux qui communiquent avec le monde spirituel parlent d'expériences visionnaires avec d'autres êtres.

Même similarité avec les chamans, par exemple. Ce dernier entrera dans un état de transe profonde, souvent la conséquence de l'ingestion de poisons ou de substances hallucinogènes, et quittera les confins de la Terre pour entrer dans le monde des esprits. Là, il conversera avec les esprits non-humains qui possèdent des pouvoirs remarquables tels que le vol et la télépathie. L'expérience pourra fréquemment impliquer une sorte d'introspection physique et le chaman sera parfois ouvert pour que ses organes soient remplacés par de nouveaux, plus puissants.

Les cultures passées expliquaient ces expériences chamaniques par les esprits élémentaires et les créatures mythiques. Dans notre culture moderne, il est probable que, de retour d'une expérience révélatrice, l'esprit lutte pour trouver une explication de ce qui s'est passé. Peut-être alors la façon la plus facile de décrire les événements passe-t-elle par une rencontre extraterrestre plutôt que spirituelle. Cet argument a gagné en popularité parmi ceux qui ne croient pas à l'idée d'un extraterrestre intelligent.

S'il est vrai que ces kidnappés modernes s'aventurent en fait dans un voyage plus psychique que paranormal, de nombreuses questions restent sans réponse. Pourquoi cette sorte d'expérience arriverait-elle spontanément aux gens quand ils sont seuls ? Quelle est la signification de ces événements ?

Serait-ce que ces expériences constituent un voyage dans le passé spirituel de l'humanité et dans le subconscient collectif, voyage après lequel l'individu concerné se sent en quelque sorte altéré ?

Beaucoup de gens ont expliqué qu'après leur enlèvement, ils sont restés dans une sorte de contact avec les extraterrestres qu'ils ont rencontrés, lesquels offrent fréquemment des conseils à l'humanité. Peut-être, plus qu'une communication extraterrestre, ces individus sont-ils en conversation avec les guides spirituels d'une conscience humaine collective, qui s'expriment à travers quelques personnes désignées. Dans notre monde moderne technologique et spirituellement fragmenté, il est possible que nous ayons perdu quelques connexions essentielles avec les facettes plus profondes de l'esprit humain, et c'est ce qui fait surface dans ces rencontres.

La réponse au mystère repose-t-elle, comme certains le croient, dans l'espace extérieur ou à l'intérieur des replis profonds du cerveau humain si complexe ? Les rapports sur des rencontres extraterrestres sont tellement répandus qu'ils ne devraient pas être ignorés, mais encore une fois, nous ne devrions pas sous-estimer les facultés psychiques de notre propre espèce.

Site supposé d'une rencontre extraterrestre. Les lumières vives sont souvent citées dans le récit des kidnappés.

Alors que nous sommes à l'aube d'un nouvel âge d'exploration spatiale et de développement, peut-être ces questions seront-elles résolues plus tôt que nous l'imaginons. Aimerons-nous ce que nous entendrons ?

APPARITIONS

L'une des énigmes les plus étonnantes qui entourent l'étude des Objets Volants Non Identifiés (OVNI) est la théorie du complot. Pendant de nombreuses années, on a suggéré que les autorités ont pu avoir un intérêt caché à empêcher le public d'apprendre la vérité sur les tentatives de contact extraterrestre. Rien n'a plus alimenté cette idée que les divers témoignages de crash extraterrestres.

Compte tenu de la fréquence des enlèvements déclarés, qui sont difficiles à vérifier, il y a eu très peu d'exemples d'atterrissage ou de crash extraterrestres, incidents qui pourraient fournir des preuves solides pour soutenir l'existence d'OVNI. Sur les quelques occasions lors desquelles un groupe de gens ont tous prétendu avoir vu un OVNI atterrir, toute trace potentielle d'atterrissage a mystérieusement disparu, ce qui a conduit les témoins à accuser les organisations gouvernementales de maquillage.

Beaucoup de ces exemples sont connus, suite à la popularité de certaines de ces accusations parmi les médias occidentaux. Peut-être le plus célèbre d'entre eux a-t-il eu lieu en 1908, lorsqu'une remarquable explosion se produisit au-dessus de la rivière Toungouska, en Russie. Parmi toutes les spéculations sur la nature de l'explosion, une hypothèse a suggéré qu'un vaisseau spatial extraterrestre se serait écrasé dans la forêt. Beaucoup ont cru à cette théorie grâce à l'incroyable force de l'explosion, dont on estime qu'elle a été équivalente à celle infligée par une arme nucléaire de 40 mégatonnes. Elle a été tellement puissante que la forêt, dans un rayon de 20 km, a été détruite et l'onde de choc ressentie à plus de 300 km à la ronde.

Qu'est-ce qui peut bien avoir causé une telle explosion ? Elle est arrivée dans une des régions les plus pauvres et reculées de Russie, et environ quarante ans avant le développement de l'arsenal nucléaire. Les hommes choisis pour enquêter sur le mystère ont rapporté les témoignages de gens présents sur place, qui ont décrit une boule de feu colossale descendue du ciel pour ensuite exploser. Les scientifiques ont été forcés de conclure que la matière qui a causé l'explosion devait être d'origine spatiale, puisque rien sur Terre à ce moment-là n'était capable de produire une telle explosion.

Deux possibilités s'offrent donc à nous. Si l'explosion a été causée par un corps extraterrestre, cela pourrait être un météore ou bien une sorte de vaisseau. Étrangement, un examen du site dans son entier n'a révélé aucun fragment de roche ni rien de notable. Donc quelle qu'ait été la cause de l'impact, celle-ci s'est complètement volatilisée dans l'atmosphère suite au choc ou bien a été physiquement retirée du site. Puisque la zone n'a pas été formellement inspectée jusqu'en 1927, presque deux décennies après, on peut largement spéculer dans les deux sens.

Un autre site présumé d'un crash d'OVNI est aussi étonnamment dépourvu de preuve. Il se trouve près de la ville de Roswell, au Nouveau-Mexique (États-Unis). En 1947, plusieurs personnes sans liens apparents ont vu un appareil inconnu s'abattre dans le désert. À partir de là, les autorités ont fait une annonce officielle selon laquelle un crash d'OVNI avait eu lieu. Il s'agirait du seul exemple connu d'une telle déclaration. Cependant, peu après, ils se sont rétractés et la version officielle a été changée pour entériner le fait qu'il s'agissait en réalité du crash d'un ballon météorologique expérimental.

Ce rapport entrait en conflit avec les témoignages personnels de plusieurs personnes, qui prétendaient non seulement avoir découvert l'épave d'un appareil, mais aussi avoir vu les cadavres d'extraterrestres. Leurs récits sont corroborés par le rapport initial des forces armées et par la découverte, en 1995, d'un montage vidéo présenté comme étant l'autopsie de l'extraterrestre mort dans le soi-disant crash.

Beaucoup ont interprété cet événement particulier sur le site du crash de Roswell comme un signe à la fois de l'existence d'extraterrestres et d'une conspiration du gouvernement pour étouffer l'affaire.

Quelques années plus tard, en 1974, un incident similaire qualifié de « Roswell britannique » a eu lieu dans les îles Britanniques. Plusieurs personnes vivant près du village de Llandrillo, à Clwyd (Pays de Galles), ont prétendu avoir vu d'étranges sphères volantes dans le ciel et entendu un impact par la suite. Se pourrait-il qu'un atterrissage d'OVNI ait eu lieu dans la campagne galloise dépeuplée ?

Un soldat à la retraite, connu sous le pseudonyme de James Prescott pour des questions d'anonymat, prétend que la RAF a retrouvé sur le site un vaisseau spatial qui contenait les corps de deux créatures. Ils ont apparemment été emportés sous bonne garde jusqu'au Centre britannique de recherche gouvernemental de Porton Down, un centre controversé.

Centre britannique de recherche gouvernemental de Porton Down où les corps des extra-terrestres ont été emmenés.

D'autres témoins ont décrit une réponse remarquablement rapide de la part des services d'urgence, étant donné le caractère reculé de la zone, et une présence militaire très forte, donc suspecte. Le fermier gallois Huw Lloyd, qui avait 14 ans à l'époque, s'en souvient très bien. Il a expliqué qu'il a vu un grand objet s'écraser au sol en laissant une trace de flammes derrière lui. L'objet luisait et émettait une lumière bleue aveuglante.

Tous les rapports gouvernementaux relatifs à l'incident et à l'opération militaire consécutive sont restés classés jusqu'à ce jour et les autorités refusent de faire un commentaire sur la question. Pour beaucoup, cette réponse peut être prise pour une acceptation quasi tacite de l'existence d'OVNI, mais sans aucune preuve matérielle disponible, la vérité restera un mystère.

Malgré la conviction de ceux qui soutiennent avec ferveur les déclarations faites par beaucoup de ces témoins oculaires, la plupart des gens refusent de croire en l'existence d'OVNI sans l'apport d'une preuve réelle.

Puisqu'elle manque encore à ce jour, cela pourrait suggérer que les autorités ont caché la vérité au public dans le cadre d'une conspiration internationale plus large.

Jusqu'à maintenant, la plupart de ces crashs extraterrestres suspectés ont eu lieu dans des zones relativement isolées. Si un tel événement devait arriver dans un lieu densément peuplé, telle une ville, les résultats seraient en vérité très différents. Cependant, en l'absence d'un tel événement public, il est peu probable que le débat sur les OVNI trouve une issue. On peut seulement espérer que si nous rencontrons un jour une forme de vie extraterrestre intelligente, elle se révèle pacifique.

LES PETITS HOMMES VERTS

La question de savoir si une forme de vie extraterrestre existe se diffuse dans la société depuis de nombreuses années. Si l'on imagine l'apparence et le comportement de tels êtres, c'est peut-être l'image de l'extraterrestre « gris » qui vient en premier à l'esprit. Ces créatures, avec leur petit corps, leurs hanches minces et fragiles et leur tête démesurée, sont reconnaissables instantanément pour quiconque est familier de la culture populaire occidentale. Son image a en effet probablement succédé à la soucoupe volante originelle des années 1950 en tant que représentation symbolique du monde extraterrestre. Bien que ceux qui prétendent avoir été en contact avec les extraterrestres décrivent une immense gamme d'espèces différentes, les apparitions des Gris surpassent en nombre toutes les autres.

En termes d'apparence physique, les Gris sont décrits comme plus petits que des humains adultes, mesurant à peu près un mètre, avec des proportions presque enfantines. Leur tête est bien plus grande que celle des humains, ce qui correspondrait au degré d'intelligence très élevé dont on les crédite. Ils sont totalement glabres, mais ont en revanche une sorte de peau grise et pâteuse qui ressemble à du caoutchouc. C'est de cette couleur que provient leur nom. Leur corps est étrangement flexible et le fait qu'il n'y ait pas d'articulations visibles dans leurs bras ou leurs jambes suggère que ces créatures sont dépourvues de squelette.

D'après les descriptions données par leurs nombreuses victimes et les témoins de leurs actes, nous avons rassemblé plus d'informations sur leurs caractéristiques. Bien qu'ils passent pour avoir des bouches, celles-ci sont de petites fentes qui ne constituent pas leur moyen de communication principal. On les croit plutôt capables de communiquer entre eux par une forme de télépathie qui passerait par les yeux. Ceux-ci sont allongés plutôt que ronds et bien plus grands que les nôtres, d'un noir d'encre, sans distinction entre l'iris et la pupille.

Cette image des Gris correspond, par beaucoup d'aspects, aux théories concernant la future évolution des humains. Les Gris sont essentiellement humanoïdes, mais leur pouvoir mental a évolué d'une manière significative, d'où leur tête tellement disproportionnée par rapport à leur corps, qui se serait atrophié avec le temps. Certains croient que la physiologie humaine suivra cette direction lorsque les exigences plus physiques de notre environnement seront remplacées par les exigences mentales.

Les cadavres extraterrestres qui ont été exhibés dans les infâmes « cassettes de l'autopsie de Roswell » concordent avec les descriptions de ces créatures, et sont cités comme une preuve quasi incontournable par ceux qui croient à l'existence d'extraterrestres. Cette preuve est aussi utilisée pour prolonger la théorie d'un complot du gouvernement sur cette question, voire d'une complicité entre le gouvernement et les aliens. Voilà une suggestion particulièrement sinistre lorsqu'on sait que, de toutes les espèces extraterrestres qui auraient enlevé des humains, les Gris sont ceux qui se seraient comportés le plus cruellement.

La curiosité que montrent ces extraterrestres pour l'espèce humaine ne connaît apparemment pas de limites, et leurs prétendues expérimentations peuvent être à la fois violentes et douloureuses. Une cause partielle du manque apparent de compréhension ou de compassion des Gris pour la douleur ou les émotions humaines tient à leur curiosité pour ces phénomènes. Eux-mêmes ont une sorte de conscience de groupe. En d'autres

Les Gris sont généralement décrits avec une large tête, des yeux allongés et une petite bouche en fente.

termes, ils opèrent selon une mentalité de ruche plutôt qu'en existant en tant qu'individus séparés.

La connaissance que nous possédons sur les Gris est remarquable compte tenu du fait que leur existence n'a pas encore été prouvée. Certaines des informations les plus détaillées sont venues des supposés kidnappés, qui ont fourni des descriptions très vivantes de leurs rencontres et ont répondu à de nombreuses questions sur les formes de vie extraterrestre, bien que des doutes aient été formulés sur la véracité de leurs histoires.

L'un des cas les plus célèbres, celui du couple de Betty et Barney Hill, a révélé quelques faits intéressants sur les origines des Gris.

Suite à leurs déclarations selon lesquelles ils avaient été enlevés alors qu'ils revenaient de vacances au Canada, les Hill ont été placés sous hypnose afin de faire ressurgir toute information cachée qu'ils auraient pu récolter durant leur expérience. Betty a évoqué ses discussions avec les extraterrestres et leurs origines spatiales. Sous hypnose, elle a dessiné une carte stellaire qui démontrait ce qu'on lui avait dit.

Des études de cette carte montrent qu'il s'agit d'une description correcte du système stellaire Zeta Reticuli, un couple d'étoiles qui existe à 37 ou 38 années-lumière de la Terre. Depuis cette découverte, beaucoup en sont venus à croire que les Gris sont originaires de Zeta Reticuli. Bien qu'aucune planète n'ait encore été découverte en orbite de ce système, la science des planètes étant encore à un stade relativement infantile, il est possible que certaines puissent y être découvertes un jour.

La fréquence et la similitude des rapports d'enlèvements ou de visites par les Gris laissent à penser qu'ils sont l'hypothèse la plus crédible et la plus probable concernant d'éventuels visiteurs extraterrestres. Des expériences scientifiques semblent néanmoins suggérer que l'importance de leur image dans la culture occidentale a eu une influence sur les récits des soi-disant kidnappés. Peut-être ne sont-ils pas une espèce d'extraterrestre aussi importante que ce qu'on a pensé jusqu'à maintenant.

Une expérience a été menée. Les sujets comprenaient des individus qui n'avaient pas prétendu avoir eu de contacts avec des extraterrestres. Placés sous hypnose, on leur donnait une brève description de ce dont ils étaient censés avoir fait l'expérience. La description était tout à fait générale. À leur réveil, on leur demanda de décrire leur expérience. La plupart des individus ont embelli inconsciemment l'histoire avec des détails qui ne leur avaient pas été donnés, démontrant ainsi le rôle de l'imagination dans la mémoire et le souvenir. Étant donné l'incroyable popularité des Gris, il n'est pas surprenant que ces gens aient décrit leur expérience difficile en des termes familiers.

La croyance actuelle dans les extraterrestres a atteint le stade où elle s'est transformée en une forme de superstition moderne. Dans de nombreux cas, ces êtres sont décrits comme possédant une intelligence incroyable et des pouvoirs allant bien au-delà de la compréhension humaine. Ils ressemblent pour ainsi dire à des demi-dieux.

Par essence, ces extraterrestres semblent remplir le rôle qui a existé dans le subconscient de l'homme pendant des milliers d'années. Ils ne diffèrent pas vraiment des fées d'hier, des démons et des monstres. Ils seraient une sorte de retour refoulé de notre passé adapté à l'âge technologique.

Bien que nous habitions sans doute aujourd'hui un monde très différent de celui de nos ancêtres, un monde dans lequel nous n'avons plus besoin d'être si effrayés par les dangers de la nature, les gens restent les mêmes. L'esprit humain a toujours cette capacité de créer des peurs et des croyances. Peut-être les formes de vie extraterrestre, comme les contes de fées de jadis, ont-elles émergé de cette aptitude humaine à créer des superstitions effrayantes ?

Pourtant, une petite fraction de l'humanité prétend avoir vu, rencontré et même conversé avec ces extraterrestres. Il est très possible que ces individus soient les quelques privilégiés choisis par les extraterrestres à des fins de contact avec l'espèce humaine. Une forme curieuse de vie intelligente est peut-être devenue consciente de l'existence humaine grâce à ses voyages ou peut-être suite à nos propres envois de missiles, de sondes, de signaux télévisuels ou d'ondes radio, et elle aurait fait connaître sa présence.

À moins qu'un contact avec une civilisation extraterrestre ne soit établi d'une façon irréfutable, le débat sur l'existence de ces êtres continuera. Nous n'avons plus qu'à attendre.

LES MYSTÈRES DU COSMOS

Depuis la nuit des temps, l'humanité a interrogé et étudié l'univers. Grâce à d'immenses avancées technologiques qui nous ont permis de nous aventurer dans ses vastes espaces inexplorés, nous avons maintenant atteint un stade où nous pouvons tenter de percer certains de ses grands mystères. Chaque pas vers une plus grande connaissance soulève des questions plus difficiles, certaines d'une complexité ahurissante. Malgré cela, certaines personnes ne croient pas que la destinée de l'humanité repose au-delà des confins de notre propre planète.

L'ALUNISSAGE DE 1969

Le 20 juillet 1969, le monde a été hypnotisé par les images montrant les astronautes américains Neil Armstrong et Buzz Aldrin faire leurs premiers pas historiques à la surface de la Lune. Alors que les politiciens et les hommes d'État félicitaient les États-Unis, les populations furent inspirées par cet incroyable exploit.

On en parla comme de la plus grande réalisation humaine de tous les temps, et on croyait que cela entraînerait une nouvelle ère – l'âge spatial – faite de bases lunaires, de colonies et d'expansion à travers notre système solaire. Pourquoi alors, quelques décennies plus tard, rien de tout cela ne s'est réalisé ? Pourquoi l'humanité n'est-elle plus retournée sur la Lune depuis plus de trente ans ? Se pourrait-il que l'homme n'y ait en réalité jamais mis le pied ?

Presque aussitôt après la fin de la Seconde Guerre mondiale, les États-Unis et l'Union soviétique sont entrés en compétition pour envoyer un homme sur la Lune. Les deux camps travaillèrent dur et longtemps dans leur quête pour la victoire. Ils semblaient n'avoir aucun scrupule à utiliser la connaissance accumulée par les scientifiques nazis pendant la guerre afin d'atteindre leur objectif, dans la mesure où le gagnant obtiendrait un capital politique important.

L'URSS réalisa une série d'avancées, prit la tête avec le programme Spoutnik et expédia le premier homme dans l'espace, Youri Gagarine. Pendant une très longue période, la victoire communiste semblait inévitable, le programme spatial américain subissant une série de revers désastreux. Cependant, la fortune s'inversa et ce furent les États-Unis qui connurent la gloire de fouler le sol lunaire et d'y planter leur drapeau. Ou bien ils ne l'ont pas fait ?

Ce qui était auparavant considéré comme un fait indiscutable est maintenant plus souvent perçu comme un mystère, voire une conspiration. Beaucoup d'experts qui ont étudié le film du premier alunissage ont suggéré qu'il s'agissait en fait d'un faux. Mais a-t-il vraiment été possible de falsifier les images et de conserver le secret pendant si longtemps ? Cela serait un exploit presque aussi difficile que d'atteindre la Lune elle-même, et il faut dire que personne n'a jamais revendiqué avoir été impliqué dans une telle machination. Néanmoins, de nombreux sceptiques avancent encore certaines preuves convaincantes à l'appui de leurs arguments.

Tout d'abord, les sceptiques se méfient du secret qui entoure le programme spatial. Ils considèrent la restriction de l'accès aux faits comme de la rétention de preuve et le signe avéré de l'existence de la conspiration. Les seuls faits dont nous disposons sont les vidéos largement diffusées de deux astronautes qui accomplissent leur tâche à la surface de la Lune, or c'est cela qui a éveillé la plupart des allégations de manipulation. Beaucoup ont argué qu'elles présentaient assez d'erreurs et d'incohérences pour constituer une preuve de la falsification.

Le premier, et le plus célèbre, de ces soupçons concerne le drapeau américain. La vidéo montre les astronautes qui plantent le drapeau à la

Décollage de la navette Apollo 11 Saturn V en 1969.

surface de la Lune et la bannière étoilée claquant au vent alors qu'ils luttent pour la maintenir droite. Ce qu'il y a de particulier, c'est que même après que le drapeau a été fermement positionné, il continue à bouger comme si le vent soufflait dessus, un scénario impossible étant donné l'absence de toute atmosphère sur la Lune. Les théoriciens de la conspiration ont avancé que le mouvement était en fait causé par une sorte de ventilateur situé à l'intérieur du studio de photographie utilisé pour créer ces fausses preuves. Le contre-argument serait que le drapeau mouvant indique bien, après tout, une atmosphère sur la Lune, même si en l'état de nos connaissances actuelles cela semble fort improbable.

Il est peut-être plus difficile d'éluder la controverse relative à la surface lunaire et au cratère explosif. Les photographes d'Apollo ont clairement montré que le paysage lunaire est recouvert d'une grande quantité de poussière – cela est évident sur les nombreuses photos des empreintes des astronautes et les images plus tardives de traces de pneus du rover lunaire. Des échantillons de poussière et de roche ont même été exhibés au retour de la mission.

Lorsque le vaisseau d'atterrissage lunaire s'est posé, il a contrôlé sa descente grâce à un puissant lance-roquettes qui a agi comme un frein pour l'empêcher de s'écraser. Les photographies auraient donc dû révéler une grande quantité de poussière déplacée par le module, ou au moins un petit cratère en dessous. Or après examen des photos du site d'alunissage, on constate que la surface lunaire n'a pas été dérangée. Aucune marque de brûlure nulle part et la zone autour du module semble intacte. Le vaisseau a l'air propre et reluisant, sans aucune trace d'une quelconque installation à sa surface, et même les pieds du module sont propres, alors qu'ils reposent sur une grande quantité de poussière lunaire.

Un troisième motif de controverse au sujet de ces photographies concerne les ombres visibles. Alors que, sur la Lune, il n'y a qu'une seule source de lumière – le soleil –, des incohérences dans les ombres captées sur ces photos suggèrent la présence de plusieurs sources d'éclairage.

Par exemple, on peut voir converger ou s'entrecroiser certaines ombres de roches et d'objets, ce qui ne pourrait jamais arriver si toute la lumière venait d'un seul point.

Sur une autre image, les ombres d'Armstrong et Aldrin apparaissent de longueurs différentes, ce qui suggère à nouveau que plus d'une source de lumière est mise à contribution. Sur un cliché révélateur, à la fois l'astronaute et le vaisseau lunaire sont visibles alors que le soleil ne les illumine que d'un côté.

Par ailleurs, ce cliché particulièrement patriotique montre l'astronaute non seulement saluer le drapeau américain, mais aussi poser à côté du module lunaire qui arbore également le drapeau ainsi que les mots « United States ».

Cliché controversé du drapeau américain et des mots « United States » visibles sur le module lunaire.

Les ténèbres d'une ombre lunaire devraient être d'un noir d'encre, néanmoins le drapeau et les mots sont très visibles du côté sombre du vaisseau.

Les théoriciens de la conspiration arguent que ces irrégularités d'éclairage et le mouvement du drapeau sont des preuves que le film n'a pas été fait à la surface de la Lune, mais plutôt dans un studio quelque part sur Terre. En outre, chacune des photographies montre un ciel particulièrement noir, or en l'absence de toute atmosphère sur la Lune, les étoiles devraient être visibles depuis sa surface. Bien que le paysage lunaire, l'équipement nécessaire et même l'apparence d'une faible gravité aient pu être reproduits par les équipes d'effets spéciaux d'Hollywood, il aurait été impossible de reproduire une représentation astrologique exacte d'un ciel étoilé. Par conséquent, les preuves que l'homme n'a peut-être pas marché sur la Lune sembleraient bien exister.

Et pourtant, même si ces preuves étaient vérifiées, l'hypothèse que l'homme ne se soit pas du tout aventuré dans l'espace semble improbable. Les communications mondiales reposent sur des satellites en orbite autour de la Terre à des altitudes variées, ce qui implique le voyage spatial. Une grande partie du travail réalisé aujourd'hui en astrophysique et en astronomie est dirigée à partir de télescopes en orbite comme Hubble, qui existent en dehors de l'atmosphère terrestre. Encore une fois, la technologie requise pour mettre ces instruments en orbite a été développée dans la course spatiale qui a culminé avec les alunissages.

Une des hypothèses cyniques sur les raisons possibles de feindre ces derniers est qu'ils détournaient l'attention du public de la guerre du Vietnam. Alors que la course aux alunissages battait son plein, l'opposition à la guerre augmentait, ainsi que le niveau d'échec militaire. En alunissant, les États-Unis pouvaient crier victoire, au moins sur le terrain scientifique. Il est intéressant de noter que les vols habités vers la Lune ont cessé à peu près au même moment que la guerre du Vietnam.

Une théorie complètement alternative mélange les idées de conspiration et de trahison. Fondée sur la croyance qu'il y a des structures artificielles inhabituelles, et même des villes, construites sur la Lune et peut-être aussi sur Mars, elle suggère que les vidéos des alunissages publiquement diffusées étaient une façon de dissimuler la nature incroyable de ce qu'on trouvait en fait là-bas.

Avec les avancées technologiques qui ont eu lieu ces dernières décennies, peu doutent que l'humanité pourrait aujourd'hui réussir à atteindre la Lune. La question de savoir, cependant, si cela a été réalisé en 1969 est encore discutable pour certains – en fait, il est peut-être nécessaire d'expédier une nouvelle équipe sur la Lune pour prouver que le drapeau flotte encore. Jusqu'à ce que cela arrive, il semble probable que notre satellite restera une énigme fascinante, et le voyage spatial rien de plus qu'un rêve pour l'humanité.

LES VILLES LUNAIRES

Les deux grandes théories avancées pour expliquer l'existence de la Terre découlent, d'un côté, des notions religieuses de création et, de l'autre, d'idées scientifiques, comme le processus de l'évolution. Une troisième théorie gagne cependant du terrain dans l'esprit de beaucoup de gens, qui attendent juste que d'autres explorations spatiales et progrès technologiques viennent leur donner raison. Ils croient que la vie humaine a en fait pris son origine sur une autre planète que la Terre, et remonte à bien plus longtemps que l'on ne pense habituellement.

La découverte du « visage de Mars » en 1976 – apparemment un relief géologique qui ressemble à un visage humain – a été accueillie avec un grand enthousiasme et a déclenché des recherches approfondies relatives à la possibilité d'une vie extraterrestre à l'intérieur de notre propre système solaire. Alors que beaucoup d'enthousiastes se sont focalisés sur l'examen des photos de la surface martienne, certains ont porté leur attention sur d'autres régions de notre galaxie. Ils ne s'attendaient pas à des découvertes aussi incroyables.

Des scientifiques comme Richard Hoagland, l'astronome américain qui a initié cette recherche, ont décidé d'analyser le seul autre corps de notre système solaire sur lequel nous possédons une information détaillée : la Lune. Par sa fine analyse des photographies de la surface lunaire, il a découvert plusieurs particularités qui semblent avoir été survolées par l'establishment scientifique.

Sur certains clichés, on voit clairement des structures dont l'origine naturelle semble fortement improbable. La première d'entre elles est apparue dans les cratères Triesnecker et Ukert, créés par des impacts de météorites. Dans le périmètre du cratère Ukert, on voit sans l'ombre d'un doute l'image d'un triangle équilatéral, l'une des fondations mêmes de la géométrie et pratiquement impossible à expliquer comme phénomène naturel. Chaque côté du triangle est long de 26 km, et on peut le voir depuis la Terre lors d'une pleine lune avec seulement un petit télescope.

Impressionnés par cette découverte, les astronomes ont scruté les vidéos lunaires existantes à la recherche d'autres anomalies. Pour beaucoup de gens, l'existence même de cette figure géométrique était en effet la preuve d'une certaine forme de vie intelligente. Si d'autres pouvaient être trouvées, alors peut-être qu'on se déciderait à rechercher les habitants de la Lune.

L'inspection de la surface lunaire a donc continué. Toutes les zones intéressantes semblaient situées dans cette partie connue des astronomes sous le nom de « Sinus Medii » (« baie centrale » en latin). Si on pouvait observer une lune pleine, elle correspondrait à la région autour du centre du disque visible. À l'intérieur de cette zone, les enquêteurs ont été attirés vers une étrange protubérance connue comme « l'écharde ». Ce trait géologique est remarquable car il se dresse en continu depuis la surface de la Lune sur une hauteur de plus d'un kilomètre, dans un paysage autrement clairsemé et plat.

Les formations les plus étranges qu'on ait détectées sur la surface lunaire sont peut-être celles qui apparaissent sur une des photographies prises pendant la mission Apollo 10. Sur le cliché numéro 4822, on peut discerner une structure qui apparaît flottante à quelques kilomètres de la surface de la Lune – cette configuration est connue sous le nom de « la tour » car elle est en forme de cube à son sommet. Certains sceptiques ont argué que cela devait faire partie de l'appareillage de la sonde de la mission, puisqu'un tel objet défierait les lois de la physique. D'autres, cependant, sont plus enclins à envisager des théories moins conventionnelles et croient que cette structure est une preuve solide de l'existence d'une cité lunaire passée.

C'est ce dernier groupe qui est particulièrement intéressé par d'autres clichés de la NASA, sur lesquels on peut voir des abîmes traversés par un certain nombre de ponts. S'il n'est pas impossible de l'expliquer

Cratères à la surface de la Lune.

uniquement par la géologie, la proximité de tels ponts avec ce qu'on a décrit comme des villes lunaires en ruine pourrait suggérer qu'ils ont été construits pour faciliter le transport.

En étudiant ces photos, certaines personnes ont aussi prétendu que les vestiges d'un dôme colossal sont visibles. Il contient apparemment une sorte de motif grillagé, comme s'il avait abrité une cité lunaire à une certaine époque. En utilisant un système de datation établi sur le nombre de cratères récents dans la zone, on a estimé que le site a été ruiné il y a environ un demi-milliard d'années.

Beaucoup de gens croient que la véritable étendue des découvertes lunaires, ainsi que les preuves rassemblées à la surface de Mars, ont été dissimulées par le gouvernement. Ils prétendent que le montage photographique diffusé au public a été d'une certaine manière élaboré pour dissimuler la vérité. Ces prises de position, cependant, n'ont pas été accréditées par les scientifiques ou la NASA, qui attribuent la forme des objets eux-mêmes à des bizarreries géologiques et à des défauts photographiques.

Quels que soient les arguments, il semble possible de dire qu'avec l'avancée de la technologie, il sera bientôt possible à tout un chacun d'utiliser son propre télescope pour scruter en détail les corps célestes de notre système solaire, en particulier la Lune et Mars.

Il est probable que tous seront bientôt capables de se forger leurs propres opinions sur ces mystérieuses structures et leurs possibles origines. Cela donnerait certainement à l'humanité beaucoup à penser si on pouvait prouver que l'une de ces théories est fondée sur des faits solides.

LES VILLES MARTIENNES

On s'est beaucoup intéressé ces dernières années à l'idée qu'il puisse y avoir de la vie sur une planète différente de la nôtre et, en particulier, sur Mars. De nombreux gouvernements ont juré d'y envoyer une mission exploratoire dans le but de poser un homme sur la planète rouge, et cela arrivera peut-être bien dans le futur. Cependant, la plupart des gens qui espèrent trouver des preuves d'une vie présente ou passée sur Mars ont en tête une variété d'organismes microscopiques, qui existeraient peut-être dans un petit volume d'eau sous la surface de la planète.

Ils ont reçu un coup de pouce inespéré en 1976 lorsque la première sonde martienne a atteint sa destination. Appelée Viking 1, sa mission était de sonder et cartographier la surface de la planète, car cette information était considérée comme vitale pour comprendre les mystères de la planète la plus proche de la nôtre. Les cartes aideraient aussi à choisir un lieu adéquat pour l'atterrissage de la future mission et il fallait rassembler des échantillons du sol martien pour analyse.

Lorsque les scientifiques et les astronomes impliqués dans le projet examinèrent les données de la sonde Viking, ils firent une découverte tout à fait inattendue. Dans la région de Cydonia, il y avait une grande colline, large de plus d'un kilomètre, qui ressemblait à s'y tromper à un visage humain.

Après une enquête approfondie, la NASA a déclaré que l'image s'était formée purement par chance, et qu'elle n'avait pas de réelle signification scientifique. En tant que telle, la photo fut diffusée au public.

Pour beaucoup, cependant, cette explication était peu satisfaisante, et l'image provoqua un grand engouement pour le concept de la vie sur Mars. Les promoteurs de cette idée croyaient au caractère artificiel de ce visage martien, créé par une forme de vie intelligente. Pour construire un tel dessin, ses créateurs auraient dû avoir la connaissance et la compréhension de la physiologie du visage humain. Il semble donc qu'ils auraient dû être humains eux-mêmes, ou être entrés en contact avec l'humanité à un moment ou à un autre.

Pour renforcer cette théorie, certains prétendent que d'autres traits sur la photographie pourraient aussi représenter des structures artificielles. Par exemple, plusieurs collines angulaires dans la même région de Cydonia seraient en fait des pyramides – dans ce cas, une telle structure procurerait un lien intéressant entre notre propre monde et l'environnement

Le cratère Galle, surnommé « The Happy Face », photographié en 2003 sur Mars.

martien. Malheureusement, la résolution de la photographie était trop faible pour permettre de donner une réponse concluante, dans un sens ou dans l'autre.

Serait-il possible qu'une civilisation d'humains, ou au moins une civilisation qui aurait été consciente de l'existence de l'humanité, ait vécu sur Mars il y a des milliers d'années ? Le débat continue, mais les photos ont suscité un intérêt suffisant pour justifier une plus ample enquête sur la région de Cydonia.

Durant la fin des années 1990 et au début du 21e siècle, le satellite Mars Global Surveyor a été chargé de dresser une carte sophistiquée de la surface martienne, et en 1998 et 2001 le satellite en orbite a pris un certain nombre de photographies de la zone controversée.

Au début, il a semblé que le verdict original de la NASA était correct et que le « visage de Mars » était simplement une formation géologique aberrante. Puis une nouvelle théorie a fait surface, qui déclarait que les images révélaient l'existence d'une ville entière sous le glacier martien près du pôle gelé de Mars.

On dirait bien que l'information récoltée jusqu'à aujourd'hui sur la planète rouge soit ouverte à toute sorte d'interprétation. Bien qu'il y ait une large base d'opinions établies qui vont contre les hypothèses de l'existence d'une vie sur Mars, nombreux sont ceux – tel le scientifique américain Richard Hoagland – qui voient les découvertes comme des preuves d'une culture spatiale perdue qui rayonnait dans notre système solaire, et peut-être même au-delà. La NASA elle-même est d'accord pour dire qu'il faudra d'autres enquêtes avant que le mystère soit complètement élucidé.

LES TROUS NOIRS

Depuis plus d'une centaine d'années, les scientifiques essayent de découvrir le mystère caché derrière le phénomène des trous noirs. Personne n'a été capable d'avancer une preuve réelle de leur existence, néanmoins celle-ci est largement acceptée en théorie, fondée sur le travail de certains des esprits les plus brillants de l'humanité.

C'est en 1844 que l'astronome allemand Friedrich Wilhelm Bessel a suggéré pour la première fois l'existence des trous noirs d'après ses observations de « l'étoile du chien » Sirius. Sirius est l'étoile la plus brillante dans la galaxie et Bessel l'observait à travers un des télescopes les plus puissants de l'époque. Il a noté que, plutôt que de se mouvoir en ligne droite, comme on aurait pu s'y attendre, cette étoile semblait sujette à de très légères ondulations.

Il en a conclu avec justesse que ce devait être le résultat de quelque force invisible de gravité agissant sur l'étoile. Grâce aux études qu'il a initiées, de grandes découvertes ont été faites sur les stades de vie d'une étoile. Par exemple, on sait maintenant qu'une étoile passe par quatre stades en tout, et au moins 90 % finissent sans doute en trous noirs.

Dans la phase initiale de la vie d'une étoile, cette dernière est composée principalement d'hydrogène et d'hélium. La fusion a lieu entre les deux éléments, ce qui entraîne la diffusion d'une grande énergie, et le processus nucléaire entier voit la construction d'immenses forces gravitationnelles au centre de l'étoile elle-même. Un bon exemple d'une étoile à ce stade de son cycle de vie est notre propre soleil. L'énergie émise par le soleil est ressentie sur Terre comme radiation sous forme de chaleur et de lumière.

Alors que le temps passe et que la fusion continue, le noyau de l'étoile devient de plus en plus dense, car l'hélium est plus dense que l'hydrogène,

Voici l'effet astrologique que pourrait produire un trou noir.

doté d'une plus grande masse atomique. Dans le même temps, les couches extérieures de l'étoile s'étendent et l'étoile grandit. À ce stade, la couleur de la lumière émise change aussi. L'étoile sera qualifiée de « géante rouge » et des réactions immensément puissantes auront encore lieu en son centre.

Dans l'étape suivante, ses couches extérieures se dispersent graduellement jusqu'à ce qu'il ne reste que le noyau super-dense. Parvenue à ce point, lorsqu'elle commence à émettre une lumière d'amplitude différente, l'étoile devient une « naine blanche ». C'est lorsque Sirius était dans cette phase de son histoire qu'elle a été repérée par Bessel au milieu du 19e siècle. Bien que, selon les standards actuels, son champ de vision fût restreint par son télescope, il a noté que Sirius consistait en une paire d'étoiles jumelles, et que la masse super-dense de l'une d'elles semblait affecter l'autre. C'est seulement bien plus tard, avec l'avènement d'une technologie plus avancée, qu'il fut possible de voir la lumière émise par l'étoile à son stade de « naine blanche » et de commencer ainsi à comprendre plus en profondeur ce qui arrivait.

Finalement, l'étoile atteint son quatrième et dernier stade de vie, représenté par le concept du mystérieux trou noir. Celui-ci se forme lorsqu'une « naine blanche » s'effondre complètement sur elle-même et que sa matière devient super-dense. L'étoile est à présent des millions de fois plus petite en taille que lorsqu'elle a débuté, par contraste avec sa poussée gravitationnelle, qui sera de nombreux millions de fois plus grande.

Tout ce qui vient dans le champ gravitationnel du trou noir sera attiré à lui, qu'il s'agisse de planètes, d'autres étoiles ou même de lumière. En fait, c'est seulement parce que les trous noirs attirent la lumière à eux que les scientifiques ont eu vent de leur existence. Sans lumière, le trou noir lui-même ne peut être fixé sur film, donc ce qui a été filmé est de la matière attirée dans ces poches spatiales.

En utilisant cette méthode, les astronomes tentent de mettre le doigt sur le lieu où existent les trous noirs dans notre univers. Ils les ont étudiés et ont essayé de suggérer des moyens par lesquels leurs énormes pouvoirs pourraient être domptés dans le futur. Certains maintiennent qu'ils pourraient détenir la clé du voyage dans le temps ou du franchissement de grandes distances dans l'espace. Savoir si cela est possible n'est pas de notre ressort, mais ce qu'il y a de sûr, c'est que si un être humain, dans quelque future mission spatiale que ce soit, devait s'aventurer près d'un trou noir, il périrait à coup sûr.

D'autres, comme le physicien Stephen Hawking, ont postulé que les trous noirs pourraient en fait fournir à l'humanité une source d'énergie par l'extraordinaire énergie qu'ils produisent. Il est peu probable qu'une telle proposition soit jamais accueillie par autre chose que de la résistance, toutefois, comme il suffirait du plus petit trou noir pour dévorer complètement la Terre entière et le système solaire dans son ensemble, cela signifierait qu'il n'y aurait aucune marge d'erreur.

Mais selon les principes posés par la théorie du big bang, ce serait de toute façon le destin de l'univers. Actuellement, le cosmos est encore en expansion suite au big bang originel, mais on pense que la force de compensation de cette expansion sera son éventuelle contraction. Les étoiles s'effondreront en trous noirs et la masse de ces trous noirs s'accumulera pour incorporer des galaxies entières, jusqu'à ce que l'univers retourne au même stade d'où il est parti.

Savoir si les scientifiques réussiront un jour à faire usage de la formidable énergie contenue dans un trou noir est impossible – en même temps, le risque paraît trop grand pour l'envisager sérieusement. Peut-être qu'un jour les trous noirs représenteront autre chose qu'un inconcevable pouvoir de destruction, mais d'ici là ils seront regardés avec terreur, émerveillement et un grand respect.

TROUS DE VERS ET VOILES SOLAIRES

L'humanité est fascinée par l'espace depuis de nombreuses années. L'univers est immense, et nous devons nous demander jusqu'où il est possible d'y voyager. La célèbre théorie d'Einstein sur la relativité ($E=mc^2$)

prétend qu'il est impossible à un être humain de voyager plus vite que la vitesse de la lumière. Si cela est vrai, les vastes étendues de l'espace resteront à jamais inaccessibles. Malgré cela, l'humanité rêve encore de voyages interstellaires et beaucoup de gens croient qu'un jour l'espèce humaine arpentera, voire colonisera d'autres planètes. Si ce rêve doit devenir réalité, comment cela sera-t-il possible ?

Jusqu'ici, la distance la plus éloignée que les humains aient explorée se trouve juste au-delà de notre propre système solaire, une distance véritablement colossale de plus de 6,5 milliards de miles. Ce voyage a été accompli par deux sondes spatiales, Pioneer 10 et Voyager 1, lancées dans les années 1970. Ces sondes ont survécu à leur durée de vie prévue et exploré plus loin qu'on ne l'aurait jamais attendu.

Cependant, même à la vitesse remarquable à laquelle elles peuvent voyager, cela leur prendrait encore des dizaines de milliers d'années pour arriver à proximité de notre voisin stellaire le plus proche. Ce dernier est approximativement à 26 trillions de miles ou 4,5 années-lumière et ces étoiles pour lesquelles on a identifié des planètes environnantes sont encore beaucoup, beaucoup plus loin. Le jour où une sonde atteindra sa destination finale, l'humanité pourrait avoir disparu.

Les méthodes actuelles de voyage spatial utilisent un système de propulsion directe, qui implique la consommation d'essence et sa projection derrière le vaisseau afin de fournir la lancée. Si cette méthode était utilisée à des fins de voyage interstellaire, la quantité d'essence requise excéderait le domaine du possible. Se pose aussi le problème du contrôle efficace des grandes vitesses ainsi que ses moyens de freinage et d'arrêt. Il est clair que si l'humanité doit un jour voyager vers d'autres systèmes, une approche radicalement nouvelle du voyage spatial sera nécessaire.

C'est à cette fin que les scientifiques ont étudié les systèmes de fission nucléaire ainsi que la propulsion ionique, mais ceux-ci se sont révélés irréalisables. Ce qui a toutefois grandement intéressé les chercheurs est l'utilisation des trous de vers et des voiles solaires. Ces dernières ne peuvent briser les lois de la physique, mais on pense qu'elles pourraient être employées pour tordre, ou ingénieusement contourner de telles restrictions.

La recherche sur les trous noirs a prouvé que l'espace-temps peut être troué, et on admet que la fabrique de l'espace-temps pourrait être trouée à des fins de voyage spatial.

La théorie est qu'en forçant l'espace-temps à s'étendre derrière un vaisseau spatial, tout en le faisant simultanément se contracter devant le vaisseau, les lois de la vitesse de la lumière pourraient être contournées. Bizarrement, cela permettrait au vaisseau spatial de voyager plus vite que la vitesse de la lumière, sans pour autant avancer dans l'espace à une telle vitesse. Afin de produire cet effet d'enveloppement, d'immenses quantités d'énergie devraient être contrôlées avec beaucoup de précautions.

Une méthode alternative de voyage spatial implique la création d'un trou de ver – qui est un trou dans la fabrique même de l'espace-temps. En termes profanes, un trou de ver correspond à l'idée de plier l'espace, en rapprochant deux endroits qui sont normalement très éloignés. Par exemple, s'il y a deux points sur une carte, A et B, la distance entre eux peut être raccourcie à l'extrême en pliant la carte de façon que A et B se touchent et se retrouvent au même endroit. Les physiciens croient qu'il peut être possible de faire cela avec le concept d'espace-temps.

Le problème avec cette théorie, qui semble remarquablement simple, réside autour de l'énorme quantité d'énergie nécessaire pour passer de l'idée à la réalité. Les seules forces capables de distordre l'espace-temps sont d'immenses quantités de masse et de densité, qui produisent un formidable pouvoir gravitationnel. Pour les faire nôtres, nous devrions apprendre à manipuler le pouvoir des trous noirs et des étoiles à neutrons. Même si nous réussissions à maîtriser cette technique, il nous faudrait encore apprendre à la contrôler et à naviguer dans l'espace que nous utiliserions.

Même s'il est vrai que nous avons encore beaucoup de chemin à faire avant que ces idées puissent se traduire dans la réalité, il nous suffit de nous inspirer de l'histoire. Pendant des centaines d'années, l'idée que l'homme pourrait un jour voler était accueillie par de la moquerie, tout comme les idées de voyages lunaires ou de division atomique – toutefois, ce sont des réussites qui vont maintenant de soi.

À moins que nous ne soyons préparés à admettre que les mystères de l'univers resteront pour toujours irrésolus, nous devons affronter l'incroyable complexité de ces questions dans le même état d'esprit qui a permis à l'humanité de remporter ses précédentes victoires scientifiques.

Représentation informatique de Voyager I. En trente ans d'orbite dans l'espace, la sonde a parcouru plus de 9 656 040 000 km.

Imprimé en France en novembre 2010 sur les presses de
l'imprimerie « La Source d'Or »
63039 CLERMONT-FERRAND
Pour le compte de Music & Entertainment Books
ISBN 978-2-35726-082-5
Dépôt légal : novembre 2010
Première édition : novembre 2010

IMPRIM'VERT 2010

PEFC
PEFC/10-31-2008

*Dans le cadre de sa politique de développement durable,
La Source d'Or a été référencée IMPRIM'VERT®
par son organisme consulaire de tutelle.
Cet ouvrage est imprimé - pour l'intérieur -
sur papier offset « Amber Volume » 90 g
provenant de la gestion durable des forêts,
des papeteries Arctic Paper, dont les usines ont obtenu
les certifications environnementales ISO 14001 et E.M.A.S.*